园艺园林专业系列教材

园艺植物种苗生产技术

龚维红　主　编

苏州大学出版社

图书在版编目(CIP)数据

园艺植物种苗生产技术/龚维红主编.—苏州:苏州大学出版社,2009.8(2021.1重印)
(园艺园林专业系列教材)
ISBN 978-7-81137-265-6

Ⅰ.园… Ⅱ.龚… Ⅲ.园林植物－育苗－高等学校:技术学校－教材 Ⅳ.S680.4

中国版本图书馆 CIP 数据核字(2009)第 132702 号

园艺植物种苗生产技术

龚维红　主编

责任编辑　陈兴昌

苏州大学出版社出版发行
(地址:苏州市十梓街1号　邮编:215006)
广东虎彩云印刷有限公司印装
(地址:东莞市虎门镇陈黄村工业区石鼓岗　邮编:523925)

开本 787 mm×1 092 mm　1/16　印张 11.5　字数 273 千
2009 年 8 月第 1 版　2021 年 1 月第 8 次印刷
ISBN 978-7-81137-265-6　定价:34.00 元

苏州大学版图书若有印装错误,本社负责调换
苏州大学出版社营销部　电话:0512-67481020
苏州大学出版社网址　http://www.sudapress.com

园艺园林专业系列教材编委会

顾　问：蔡曾煜
主　任：成海钟
副主任：钱剑林　潘文明　唐　蓉　尤伟忠
委　员：袁卫明　陈国元　周玉珍　华景清
　　　　束剑华　龚维红　黄　顺　李寿田
　　　　陈素娟　马国胜　周　军　田松青
　　　　仇恒佳　吴雪芬　仲子平

前　言

近年来，随着我国经济社会的发展和人们生活水平的不断提高，园艺园林产业获得了长足的发展，编写贴近园艺园林科研和生产实际需求、凸显时代性和应用性的职业教育、农村科技人员及从事园艺园林生产农户的学习参考用书便成为摆在园艺园林教学和科研工作者面前的重要任务。

苏州农业职业技术学院的前身是创建于1907年的苏州府农业学堂，是我国"近现代园艺与园林职业教育的发祥地"。园艺技术专业是学院的传统重点专业，是"江苏省高校品牌专业"，在此基础上拓展而来的园林技术专业是"江苏省特色专业建设点"。该专业自1912年开始设置以来，秉承"励志耕耘、树木树人"的校训，培养了以我国花卉学先驱章守玉先生为代表的大批园艺园林专业人才，为江苏省乃至全国的园艺事业发展作出了重要贡献。

近几年来，结合江苏省品牌、特色专业建设，学院园艺专业推行了以"产教结合、工学结合，专业教育与职业资格证书相融合、职业教育与创业教育相融合"的"两结合两融合"人才培养改革，并以此为切入点推动课程体系与教学内容改革，以适应新时期高素质技能型人才培养的要求。本套丛书正是这一轮改革的成果之一。丛书的主编和副主编大多为学院具有多年教学和实践经验的高级职称的教师，并聘请具有丰富生产、经营经验的企业人员参与编写。编写人员按照理论知识"必须、够用"、实践技能"先进、实用"的"能力本位"的原则确定编写内容，并借鉴课程结构模块化的思路和方法进行丛书编写，力求及时反映科技和生产发展实际，力求充分体现自身特色和农村教育特点。本套丛书不仅可以满足职业院校相关专业的教学之需，也适合作为农村园艺园林从业人员技能培训教材或提升技能的自学参考书。

由于时间仓促和作者水平有限，书中错误之处在所难免，敬请同行专家、读者提出意见，以便再版时修改！

园艺园林专业系列教材编写委员会

编写说明

种子种苗的生产水平直接影响和制约园艺产业的发展,种子种苗产品的升级换代可以在最大程度上促进园艺产业的升级换代。近年来,我国的园艺产业发展迅速,从世界发达国家进口园艺产品和引进先进技术已很普遍。但由于发展过快,对引进技术的消化、吸收使之更加符合我国国情,以及进一步推广等工作相对滞后。正是基于此,我们根据在引进技术和生产推广中的实践,编写了本书。

在编写过程中,我们始终坚持遵循新颖性、实用性、系统性、为产业服务以及力求图文并茂和深入浅出等原则。书中介绍了许多新设备、新材料、新技术和新概念以及量化的新指标。在园艺产业大发展的时代,本书的出版应是恰逢其时。但愿本书的编写能为我国园艺种苗产业的发展起到积极的推动作用。书中将有关项目以模块的形式来呈现;理论知识以"够用"为度,不再强调知识的系统性和学科体系的完整性;技能项目的选择以国家职业标准为依据,与职业技能鉴定相衔接,体现职业性与岗位能力要求。

本书由龚维红副教授主编,参加编写的有潘文明(绪论和第五章)、龚维红(第一章和第三章)、尤伟忠(第二章)、吴亮(第四章)、陈素娟(第六章)、陈立人(第七章)、娄晓明(第八章)。全书由龚维红统稿,周玉珍主审。

由于编者水平有限,错误和不足之处,敬请各位读者批评指正。

编 者

目录 Contents

第 0 章　绪　论

0.1　种苗生产的意义 ………………………………………………………… 001
0.2　育苗的类型 ……………………………………………………………… 002
0.3　我国育苗技术的发展概况 ……………………………………………… 002
0.4　现代育苗技术的发展趋势 ……………………………………………… 003
0.5　园艺植物种苗生产技术学习的内容、任务及方法 …………………… 004

第 1 章　园艺植物苗圃的建立与管理

1.1　园艺植物圃地选择 ……………………………………………………… 006
1.2　圃地的规划设计 ………………………………………………………… 009
1.3　苗圃的建设施工 ………………………………………………………… 014
1.4　苗圃技术档案的建立 …………………………………………………… 015

第 2 章　播种繁殖与培育

2.1　播种繁殖的特点 ………………………………………………………… 018
2.2　播种前的准备 …………………………………………………………… 019
2.3　播种育苗技术 …………………………………………………………… 023
2.4　播种地的管理 …………………………………………………………… 029

第 3 章　营养繁殖与培育

3.1　营养繁殖的特点 ………………………………………………………… 036
3.2　扦插繁殖 ………………………………………………………………… 037
3.3　嫁接繁殖 ………………………………………………………………… 050
3.4　分生繁殖 ………………………………………………………………… 064
3.5　压条繁殖 ………………………………………………………………… 066

第4章　穴盘育苗

- 4.1　工厂化穴盘种苗的特点及发展 ····················· 072
- 4.2　工厂化穴盘苗的生产要素 ····················· 073
- 4.3　工厂化穴盘育苗的设施设备 ····················· 085
- 4.4　工厂化穴盘育苗的生产技术 ····················· 091

第5章　苗木出圃

- 5.1　园林苗木质量的评价 ····················· 105
- 5.2　苗木的掘取 ····················· 108
- 5.3　苗木的分级、包装和运输 ····················· 110
- 5.4　苗木的假植和贮藏 ····················· 113

第6章　主要蔬菜育苗技术

- 6.1　茄果类蔬菜育苗技术 ····················· 115
- 6.2　瓜类蔬菜育苗技术 ····················· 122
- 6.3　豆类蔬菜育苗技术 ····················· 130
- 6.4　白菜类蔬菜育苗技术 ····················· 131
- 6.5　绿叶蔬菜育苗技术 ····················· 133
- 6.6　葱蒜类蔬菜育苗技术 ····················· 136
- 6.7　多年生蔬菜育苗技术 ····················· 137

第7章　主要花卉育苗技术

- 7.1　一二年生花卉育苗技术 ····················· 142
- 7.2　多年生花卉育苗技术 ····················· 145
- 7.3　水生花卉育苗技术 ····················· 147
- 7.4　木本花卉育苗技术 ····················· 149

第8章　主要果树育苗技术

- 8.1　苹果育苗技术 ····················· 153
- 8.2　梨树育苗技术 ····················· 155
- 8.3　桃育苗技术 ····················· 158
- 8.4　葡萄育苗技术 ····················· 161

附录　实验练习 ····················· 167

参考文献 ····················· 173

第0章 绪论

学习目标

通过本章的学习,了解种苗生产的意义,熟悉育苗常见的类型,了解我国育苗技术发展的概况和园艺植物育苗的发展趋势,掌握学习这门课程的方法。

0.1 种苗生产的意义

种苗是果树、花卉和蔬菜生产的基础,种苗质量的好坏直接影响果树的结实,蔬菜的质量、产量以及造林绿化和园林绿化的成败。种苗生产是农业生产实践中一个极其关键的环节,是指从播种到定植时的全部作业过程。它涉及到苗圃的建立、苗床的准备、种子的播前处理、播种、移植、浇水、施肥等一系列的管理,一直到秧苗定植时为止。目前,多数园艺作物都采用集中育苗再移植的方式,如矮牵牛、一串红、甘蓝等。

种苗生产的目的是根据生产的需要,育成数量充足且质量良好的秧苗。众所周知,秧苗处于植物生长发育的幼年阶段,组织柔嫩,易受到外界环境的影响,抗逆性差,故只有通过育苗,人工创造较为适宜的温度、湿度、光照与营养条件,才能提供健壮的秧苗,为作物的高产、优质打下基础。与直播相比,育苗具有许多优势:

1. 便于集约化管理,保证丰产、稳产

有些作物如大葱、洋葱、芹菜等蔬菜幼苗生长缓慢,苗期长,进行育苗可便于集中管理,利于培育壮苗,为丰产打下基础。同时,育苗的集中管理,面积较小,便于在苗床内拔除杂苗、劣苗,以保证质量与品种特性。另外,也便于苗期病虫害的防治。

2. 减少作物占地时间,便于茬口合理安排

通过育苗移栽可以在上茬作物未收获前提早育苗,前茬收获后即时定植,从而增加茬次,提高土地复种指数,增加土地利用率。

3. 节约种子用量,降低成本

通过集中育苗,种子播种量比大田直播可节省 1/3~1/2。由于目前许多品种种子价格

很高,因而可以大大节约成本。苗期病虫害集中防治,也可有效节约用工与农药成本。

4. 有利于获得蔬菜早熟、优质、高产

蔬菜栽培采用育苗移栽,便于对幼苗进行精细管理,还可以利用人工保护设施和控制苗期生长发育的环境条件,从而有利于提早播种、采收时期,并在不利于蔬菜生产的季节进行栽培生产。幼苗待气候条件适宜时再定植到本田,也有利于延长蔬菜生产期和提高土地利用率。

5. 有利于花卉提早开花,均衡供应

人为创造相对有利的条件,通过育苗,某些花卉可以提早播种,以解决生育期长与无霜期短的矛盾,从而提早开花。例如,一串红从播种到开花一般需4个月左右的时间,若在北方直播,开花时间大大缩短,绿化、美化效果显著降低。利用保护地育苗,可使开花时间大大提前,一般可提前1~2个月。布置花坛,更需要培育带大蕾或即将开花的大龄苗定植。育苗亦可使作物生产延后,增加后期产量,确保周年均衡供应。

此外,育苗还可以刺激和带动一些有关产业的兴起,如育苗设施与设备的生产、床土(基质)原料的生产、种苗运输业的发展等。

0.2 育苗的类型

育苗的类型很多。根据育苗的材料可分为种子育苗、组织培养育苗、扦插育苗及嫁接育苗等;根据育苗的场地可分为露地育苗、保护地育苗和工厂化育苗等;从应用的苗床形式看,又可分为冷床(阳畦)育苗、改良阳畦育苗、火道温床、酿热温床及电热温床育苗;从应用的床土类型可分为无土育苗(用营养液、岩棉、蛭石、珍珠岩等基质)与有土育苗(用营养土);从苗床内温度控制情况可分为常温育苗、增温育苗(温床、塑料棚、温室等设施)以及降温育苗(遮阴育苗、遮阳育苗);从护根方式来看,又可分为容器育苗与非容器育苗,前者包括纸钵育苗与草钵、塑料营养钵、塑料盘、穴盘育苗等;从苗床覆盖的材料来分,有风障育苗,草帘、玻璃、油报纸、地膜、棚膜、遮阳网、无纺布覆盖育苗等。另外,从育苗季节来看,还可分为早春育苗、夏秋育苗及冬春育苗。

0.3 我国育苗技术的发展概况

我国是最早运用育苗技术的国家之一,早在北魏贾思勰著的《齐民要术》中已有关于茄子育苗移栽的记载。在陈敷《农书》(1149)中,则详细论述了育苗要重视根系的充分发育,移栽后才能健壮生长。北宋《本草衍义》及元代鲁明善著的《农桑衣食撮要》中已提到应用粪秽发酵提高温度,进行茄子及瓜类育苗,这可看作简单保护地温床育苗技术的开端。

本世纪初，一些大城市郊区出现了阳畦育苗，主要以芦苇苫、油纸等为覆盖物，后来出现了玻璃覆盖。在严寒的冬季、春季可以培育出耐寒性、喜温性作物的健壮秧苗，从而使育苗技术前进了一大步。

20世纪60年代以来，随着塑料工业的兴起与发展，由于农用塑料薄膜价格便宜、使用方便，而逐渐代替了玻璃，为大面积发展风障阳畦育苗提供了条件。同时，酿热温床育苗也发展很快，利用马粪、作物秸秆等为发酵材料产生热量，提高苗床温度，从而极大地促进了喜温作物秧苗培育技术的发展。随着生产区酿热物日趋紧缺，有些地区建造了火道温床，通过燃烧有机物来发生烟火。烟火经火道进入烟囱，使火道将畦土加热，提高畦温，基本可以达到人工控制床温，但建造成本较高。

近年来，随着生产的发展，电热温床的推广范围在不断扩大。由于其操作方便，保温性能好，温度可控，大大地促进了育苗工作的发展，在许多地区的蔬菜、花卉早春育苗中被广泛使用。

总体看来，当前我国冬春育苗技术水平差异较大，农村自给性菜地多是进行露地育苗，少数采用冷床育苗或塑料薄膜覆盖育苗，大中城市郊区商品蔬菜生产基地的育苗设施较完善，形式多样，有冷床、酿热温床、火道温床、电热温床、塑料棚、温室等。目前，在规模较大的蔬菜生产区常采用温室或大棚中套小棚、棚室加电热线等多种设施相结合的育苗方式，这些方式因时间、地区、技术、条件、资金及物资供应、产品产值不同而存在较大差异。此外，我国的育苗工作还存在着一些问题，如分散性育苗比例大，专业化程度不高，管理经验不足，抗风险与自然灾害能力弱等。因此建立各种作物完善的育苗技术体系，适时为作物生产提供优质壮苗还须进行不断的探索与努力。

0.4　现代育苗技术的发展趋势

目前，作物育苗正从传统方式向现代育苗技术发展。为了进一步发挥育苗在农业生产中的作用，在继承传统育苗技术的基础上，必须充分吸收与应用先进的科学技术、现代化的设施、现代化的经营管理方式以推动育苗技术向科学化、标准化发展，育苗操作管理向省力化、机械化、自动化方向发展。

现代育苗技术总的发展趋势主要表现在以下几个方面：

1. 迅速发展电热加温线育苗

中国、日本等一些国家过去大多采用冷床、酿热温床育苗，现在则推广省力、便于管理的电热温床。这在园艺作物的早熟栽培和花期控制方面具有很大优势。

2. 不断增加容器育苗和无土育苗的比重

为了缩短育苗时期，提高育苗质量和有利于机械化、自动化操作的大规模经营，近几十年来，容器育苗迅速发展。为适应不同作物类型以及同一作物所需苗木大小不同的要求，育苗容器的种类、型号日益增多，更利于苗木的生长发育。近几年来，穴盘育苗技术的引进和发展，为种苗的远距离运输提供了方便。随着穴盘育苗等的迅速发展，基质问题将成为制约育苗水平和规模的关键。相信,通过采用先进的技术、设备,将会配制出种类更多、理化性能良好的人工培养土或培养液。

3. 加快培育试管苗

应用无性繁殖的园艺作物,传统的扦插、嫁接育苗方法,繁殖系数较低,且受季节的限制。组织培养技术能通过茎尖等分生组织的培养,达到脱毒的目的,这在许多园艺作物上已进入到实用阶段,如草莓、马铃薯、大蒜等脱毒苗的培育。通过组织培养快速育苗,在花卉生产上更具意义。因为花卉市场瞬息万变,每年流行的种类、品种都在变化,大规模的生产盈利,只有通过组织培养才能使一些流行花卉在短时间内大量生产。

4. 逐步实现育苗工厂化

工厂化育苗是指机械化操作的、在室内高密度集中育苗的育苗方式,是作物现代育苗发展的高级阶段。它应用控制工程学和先进的工业技术,不受季节和自然条件的限制,能按一定的工序进行流水作业。也就是应用现代化温室设施,标准化的农业技术措施,机械化、自动化手段,使苗木生长发育处于最佳的状态,在短期内培育出大量优质苗的育苗方式。

5. 努力促进种苗生产集约化

建立专业化的育苗中心将是未来作物高效生产的需要。通过大型专业化育苗中心的集中育苗,可以解决千家万户分散个体育苗的落后方式,适期提供大量的优质秧苗,保证作物高效生产。同时也促使育苗技术科学化、规范化、标准化和商品化。

0.5 园艺植物种苗生产技术学习的内容、任务及方法

园艺植物种苗生产技术是研究园艺植物的繁殖和培育的理论与技能的一门应用科学。它所研究的内容包括苗圃的建立、种苗的繁殖、苗木的出圃、分级、包装、检疫和常见蔬菜、花卉、果树的育苗等。园艺植物种苗生产技术建立在植物与植物生理、土壤学、农业气象、植物遗传育种等众多学科的基础上。因此,为了更好地了解和掌握园艺植物生产技术,应当掌握相关学科的知识。

园艺植物苗木生产技术的主要任务是为园艺植物苗木的繁殖与培育提供理论依据和先进技术,使理论和实际应用相结合,以便为生产提供品种丰富、品质优良的苗木。它包括如下几个方面:① 根据市场发展和自然环境条件的特点,确定选址,合理布局,进行苗圃工程设计;② 根据播种繁殖苗和营养繁殖苗的发育特点,阐明培育苗木的基本方法和技术要点;③ 介绍花卉和蔬菜穴盘育苗技术;④ 根据苗木的形态特征、生理生态及遗传学特性,评价苗木的质量,提出苗木检疫、包装、运输的关键技术环节;⑤ 掌握常见蔬菜、花卉、果树的育苗方法与管理技术。

园艺植物苗木生产技术是一门以实践为主、理论服务于实践的课程,在教学中,应侧重技能操作,理论讲解以"必需、够用"为度。因此,教学过程中可以根据生产实践和教学条件安排在基地、现场、实验室等场所,通过老师演示,学生分组操作,来强化学生的动手能力,提

高教学效果。学生在学习过程中应主动参与实践,在实践中理解各技术环节的原理,并利用课内外时间强化训练关键技能,以达到该岗位能力的需要。

 本章小结

种苗是果树、花卉和蔬菜生产的基础,种苗质量的好坏直接影响果树的结实、蔬菜的质量、产量及造林绿化和园林绿化的成败。本章主要讲述了种苗生产的意义、育苗的类型、我国育苗技术的发展概况、现代育苗技术的发展趋势和本课程学习的内容、方法、任务等。

 复习思考

1. 为什么要进行种苗生产?
2. 常见的育苗方法有哪些?
3. 简述现代育苗的发展趋势。
4. 如何学好本课程?

第1章 园艺植物苗圃的建立与管理

学习目标

通过本章的学习,了解蔬菜、果品基地的选择要求,掌握园艺植物苗木基地的选择、规划设计及建立等技能要求和操作方法,能够运用苗圃建设的理论知识进行苗圃施工管理。

1.1 园艺植物圃地选择

1.1.1 园艺植物苗圃地的选择

园艺圃地的位置非常重要,不恰当、不科学的圃地位置,会给以后的生产、经营、管理带来很多困难。园艺植物圃地及位置的选择应考虑以下几个方面:

1. 经营条件

经营条件包括通信、道路交通、电力供应、水源、周边的科研服务机构、劳动力市场、农用机械服务、地方民情等。这些条件良好的话,可以获得充分的资源,减少投入,降低经营成本,提高效益。

2. 自然条件

圃地的地形、地势、坡向:园艺植物圃地应建立在排水良好、地势较高、地形平坦的地方。地形平坦的圃地,影响苗木生长的温度、湿度、土壤、肥力等因素差异小,且生产中便于灌溉、便于机械化作业,节省人力,降低成本,有利于提高市场竞争力。坡度过大,容易造成水土流失,灌溉不均,降低土壤肥力。蔬菜、花卉都是对水、肥依赖较重的植物,需选择肥沃的平地建圃;果树可以在坡度不大的地方建圃,但考虑温度、光照等因素,一般应选择东南、东北坡。

水源和地下水位:园艺植物圃地应建立在有可用水源或距可用水源较近的地方,水是影响蔬菜、花卉及果树生长发育的关键因素,要保证园艺植物有充足的可用水源供应。所谓可用水源,是植物在长期经营时间内保证可利用的水源,包括两方面:一是有水可用;二是水质良好,无严重污染,含盐不高于0.15%。果树苗圃的地下水位应在1~1.5 m以下,蔬菜、花卉圃地要有深厚的土层,地下水位应在1 m以下。地下水位高的低地,要做好排水工作。水位过高,土壤容易积水、积盐、潮湿,土壤通气不良,影响根系生长,苗木易徒长,影响质量。

土壤:质地黏重的土壤,通气性差,雨后积水泥泞,易板结龟裂,不利于苗木根系生长,不利于耕作,特别是一些肉质根植物,如牡丹、仙人掌、景天等在这样的土质中几乎无法正常生长。过于沙质的土壤,保水性、保肥性差,温度变化剧烈,也不利于苗木生长。不论是花卉、蔬菜还是果树,一般适合在具有一定肥力和具有保水能力的沙质壤土和轻黏质壤土中生长,这样的土壤通气性好,利于微生物活动和有机质分解,形成团粒结构,保水性能好,保肥力强。土壤pH以微酸为好,对于酸性过强的土质,可施适量的石灰或草木灰进行调和,对于碱性土壤,可施硫酸亚铁调和。

病虫害及杂草:园艺圃地尽量避免选择在病虫害多发地区。在建圃前要进行病虫害调查,了解当地易发生病虫害的种类及危害程度,特别是一些危害较大又难以防治的病虫害,应尽量避开建圃,否则投入多,风险大,可能会全军覆没。另外,在有恶性杂草和杂草源的地方,也不宜建圃,杂草不仅与植物争夺水分、养分、空间,而且易滋生病虫害。

1.1.2 园艺园地的环境质量要求

随着人民生活水平的提高,对蔬菜、水果的质量要求日益提升,在选择园艺植物圃地时,还需要根据绿色食品生产标准,圃地、生产地的环境质量要符合《绿色食品产地环境质量标准》。

一、空气环境质量要求

产地空气中各项环境污染物不应超过表1-1所列的浓度值。

表1-1 空气中各项污染物含量不应超过的浓度值(mg/m^3)

项 目	浓度限值	
	日平均	1h 平均
总悬浮颗粒物(TSP)	0.30	—
二氧化硫(SO_2)	0.15	0.50
氮氧化物(NO_x)	0.10	0.15
氟化物	7($\mu g/m^3$) 1.8[$\mu g/(dm^2 \cdot d)$](挂片法)	20($\mu g/m^3$)

注:① 日平均指任何一日的平均浓度;② 1h 平均指任何 1h 的平均浓度;③ 连续采样三天,一日三次,晨、中和夕各一次;④ 氟化物采样可用动力采样滤膜法或用百灰滤纸挂片法,分别按各自规定的浓度限值执行,石灰滤纸挂片法挂置七天。

二、灌溉水质要求

产地灌溉水中各项污染物不应超过表1-2所列的浓度值。

表1-2　农田灌溉水中各项污染物的浓度限值(mg/L)

项目	pH	总汞	总镉	总砷	总铅	六价铬	氟化物	粪大肠菌群
浓度限值	5.5~8.5	0.001	0.005	0.05	0.1	0.1	2.0	10 000(个/L)

注：灌溉菜园用的地表水需测粪大肠菌群，其他情况下不测粪大肠菌群。

三、土壤环境质量要求

土壤按耕作方式的不同分为旱田和水田两大类，每类又根据土壤pH的高低分为三种情况，即pH<6.5，pH=6.5~7.5，pH>7.5。绿色食品产地各种不同土壤中的各项污染物含量不应超过表1-3所列的限值。

表1-3　土壤中各项污染物的含量限值(mg/kg)

耕作条件	旱田			水田		
pH	<6.5	6.5~7.5	>7.5	<6.5	6.5~7.5	>7.5
镉	0.30	0.30	0.40	0.30	0.30	0.40
汞	0.25	0.30	0.35	0.30	0.30	0.40
砷	25	20	20	20	20	15
铅	50	50	50	50	50	50
铬	120	120	120	120	120	120
铜	50	60	60	50	60	60

注：① 果园土壤中的铜限量为旱田中的铜限量的一倍；② 水旱轮作的标准值取严不取宽。

四、土壤肥力要求

为了促进生产者增施有机肥，提高土壤肥力，生产AA级绿色食品时，转化后的耕地土壤肥力要达到土壤肥力分级Ⅰ、Ⅱ级指标(见表1-4)。生产A级绿色食品时，土壤肥力作为参考指标。

表1-4　土壤肥力分级参考指标

项目	级别	旱地	水田	菜地	园地
有机质(G/KG)	Ⅰ	>15	>25	>30	>20
	Ⅱ	10~15	20~25	20~30	15~20
	Ⅲ	<10	<20	<20	<15
全氮(G/KG)	Ⅰ	>1.0	>1.2	>1.2	>1.0
	Ⅱ	0.8~1.0	1.0~1.2	1.0~1.2	0.8~1.0
	Ⅲ	<0.8	<1.0	<1.0	<0.8
有效磷(MG/KG)	Ⅰ	>10	>15	>40	>10
	Ⅱ	5~10	10~15	20~40	5~10
	Ⅲ	<5	<10	<20	<5

续表

项　目	级　别	旱　地	水　田	菜　地	园　地
有效钾 （MG/KG）	Ⅰ	>120	>100	>150	>100
	Ⅱ	80~120	50~100	100~150	50~100
	Ⅲ	<80	<50	<100	<50
阳离子交换量 （mmol/kg）	Ⅰ	>20	>20	>20	>15
	Ⅱ	15~20	15~20	15~20	15~20
	Ⅲ	<15	<15	<15	<15
质地	Ⅰ	轻壤、中壤	中壤、重壤	轻壤	轻壤
	Ⅱ	沙壤、重壤	沙壤、轻黏土	沙壤、中壤	沙壤、中壤
	Ⅲ	沙土、黏土	沙土、黏土	沙土、黏土	沙土、黏土

注：土壤肥力的各个指标，Ⅰ级为优良，Ⅱ级为尚可，Ⅲ级为较差。

1.2　圃地的规划设计

圃地的规划设计是建圃工作的重要环节。圃地规划设计的合理与否，将长期影响圃地的管理、作物的生长发育和园地的经济效益。

1.2.1　新建圃地的实地考察

在圃地规划之前，首先要进行实地勘察。了解圃地周围的道路交通、水源分布、地形地貌等条件，并对周围的植物生长情况进行调查。只有在全面掌握园地的气候、地理、作物生长和生产等条件的基础上，才能建设好新的园地。

一、新建圃地的实地勘察

1. 土壤条件

选择样点，挖土壤剖面，分别观察和记录土层厚度、地下水位、机械组成，测定土壤酸碱度、含氮量、有效磷含量等理化性质。调查圃地内土壤的种类、分布、肥力状况和土壤改良的基本情况。

2. 气候情况

了解无霜期、年降水量和分布情况、不同季节的风力和风向的变化，全年最高气温和最低气温以及出现的时间、早霜和晚霜出现的时间等。

3. 地理条件

包括圃地的坡向、水源的位置和水质、原有建筑物的分布、圃地周围的道路和交通条件、村庄的分布等。

4. 病虫害情况

采用抽样方法,每公顷挖样方土坑 10 个,每个面积 0.25 m²,深 10 cm,统计害虫种类、数量、分布等基本情况。

二、当地人、财、物条件的调查

通过调查,充分了解当地的人力资源、财政状况和物力条件,为圃地规划中建圃的成本、圃地的规格和水平作出较为客观的预算。

三、圃地测量

在踏勘基础上,用测量仪器测量园地主要地形的高差、边界,主要建筑物的具体位置和占用土地的面积、水源的位置,绘出地形图。

1.2.2 园艺植物圃地规划设计

圃地主要包括生产用地和辅助用地两大块,前者又包括耕作区和育苗区,后者包括道路系统、停车场、排灌系统、防护林带和管理区的房屋建筑等。

一、生产用地设置

1. 耕作区设置

耕作区是园艺圃地中进行生产的基本单位,长度依机械化程度而定,完全机械化以 200~300 m 为宜,以手工和小型机具为主的,长度一般为 50~100 m。宽度依圃地的土壤质地和地形是否有利于排水而定,排水良好者可宽,排水不良时要窄,一般为 40~100 m。

耕作区的方向,应根据圃地的地形、地势、坡向、主风方向和圃地形状等综合因素加以考虑。坡度较大时,耕作区长边应与等高线平行。一般情况下,耕作区长边最好采用南北向,可使植物受光均匀,利于生长。

2. 育苗区配置

播种区:利用种子繁殖种苗而设置的生产区。幼苗对不良环境条件反应敏感,所以应选择生产用地中自然条件和经营条件最好的区域作为播种繁殖区。技术力量、人力、物力、生产设施均应优先满足播种育苗要求。播种繁殖区应靠近管理区;地势较高而平坦,坡度小于 2°;靠近水源,灌溉方便;土质优良,深厚肥沃;背风向阳,便于防霜冻;如果是坡地,则应选择自然条件最好的坡向。

营养繁殖区:培育嫁接苗、扦插苗、压条苗和分株苗等无性繁殖苗木的区域。应设在土层深厚和地下水位较高,灌溉方便的地方。嫁接苗区,往往主要为砧木苗的播种区,宜土质良好,便于接后覆土,地下害虫要少,以避免危害接穗而造成嫁接失败;扦插苗区则应主要考虑灌溉和遮阳条件。

移植区:培育各种移植苗的区域。由播种区、营养繁殖区中繁殖出来的苗木,需要进一步培养成较大的植株时,为了增加植株营养面积、促进根系生长,应移入移植区进行培育。移植区一般可设在土壤条件中等、地块大而整齐的地方。同时应根据植物的不同习性进行合理安排,耐水湿的可种在较低湿的地方,肉质根、不耐水湿的则种在较高燥的地方。

大苗区:培育植株的规格、苗龄均较大并经过整形具有一定景观效果的各类大苗的耕作区。大苗区的特点是株行距大,占地面积大,培育的苗木大,规格高,根系发达,一般选用土层较厚,地下水位较低,而且地块整齐的地方。

引种驯化区:用于种植新植物种或新品种的区域,要选择小气候环境、土壤条件、水分状况及管理条件相对较好的地块,同时靠近管理区便于观察研究记录。

设施育苗区:为利用温室、阴棚等设施进行育苗而设置的区域。此区投资高、技术和管理水平要求高,一般选择靠近管理区、地势高,排水畅的地块。

二、辅助用地的设置

苗圃的辅助用地(或称非生产用地)主要包括道路系统、排灌系统、防护林带、管理区的房屋场地等。这些用地是直接为生产苗木服务的,要求既能满足生产经营的需求,又要设计合理,减少占地。

1. 道路设置

圃地中的道路是连接外部交通和各耕作区的交通网络,保证运输车辆、耕作机具、作业人员的正常通行。苗圃道路包括一级路、二级路、三级路和环路。

一级路:也称主干道,一般设置于苗圃的中轴线上,应连接管理区和苗圃出入口,能够允许通行载重汽车和大型耕作机具。通常设置 1 条或相互垂直的 2 条,设计路面宽度一般为 6~8 m,标高高于作业区 20 cm。

二级路:也称副道、支道,是一级路通达各作业区的分支道路,应能通行载重汽车和大型耕作机具。通常与一级路垂直,根据作业区的划分设置多条,设计路面宽度一般为 4 m,标高高于耕作区 10 cm。

三级路:也称步道、作业道,是作业人员进入作业区的道路。与二级路垂直,设计路面宽度一般为 2 m。

环路:也称环道,设在苗圃四周防护林带内侧,供机动车辆回转通行使用,环道设计路面宽度一般为 4~6 m。

大型苗圃和机械化程度高的苗圃注重苗圃道路的设置,通常按上述要求分三级设置。中、小型苗圃可少设或不设二级路,环路路面宽度也可相应窄些。路越多越方便,但占地多,一般道路占地面积为苗圃总面积的 7%~10%。

2. 灌溉系统的设置

圃地必须有完善的灌溉系统,以保证水分对苗木的充分供应。灌溉系统主要包括水源、提水设备和引水设备三部分。

水源:主要包括地面水和地下水两类。地面水指河流、湖泊、池塘、水库等,以无污染又自流的地面水灌溉最为理想,因为地面水温度较高,与作业区土温相近,水质较好,而且含有部分养分,对苗木生长有利;地下水指泉水、井水等,其水温较低,最好建蓄水池存水,以提高水温。同时水井设置要均匀分布在苗圃各区,以便缩短引水和送水的距离。

提水设备:目前多用提水工作效率高的水泵。水泵规格的大小,应根据土地面积和用量的大小确定。如安装喷灌设备,则要用 5 kW 以上的高压潜水泵提水。

引水设施:有地面明渠引水和暗管引水两种形式。

明渠引水也就是在地面修筑渠道引水。这是沿用已久的传统引水形式。土筑明渠修筑简便,投资少,但流速较慢,蒸发量和渗透量较大,占用土地多,引水时需要经常注意管护和维修。为了提高流速,减少渗漏,可对其加以改进,如在水渠的沟底及两侧加设水泥板或做成水泥槽,也有的使用瓦管、竹管、木槽等。

引水渠道一般分为一级渠道(主渠)、二级渠道(支渠)、三级渠道(毛渠)。可根据苗圃用水量大小确定各级渠道的规格。大、中型苗圃用水量大,所设引水渠道较宽。一级渠道(主渠)是永久性的大渠道,从水源直接把水引出,一般主渠顶宽 1.5~2.5 m。二级渠道(支渠)通常也为永久性的,从主渠把水引向各作业区,一般支渠顶宽 1~1.5 m。三级渠道(毛渠)是临时性的小水渠,一般渠顶宽度为 1 m 以下。主渠和支渠是用来引水的,渠底应高出地面,毛渠则是直接向圃地灌溉的,其渠底应与地面平或略低于地面,以免灌水带入泥沙埋没幼苗。各级渠道的设置常与各级道路相配合,干道配主渠,支道配支渠,步道配毛渠,使苗圃的区划整齐。主渠和支渠要有一定的坡降,一般坡降应在 1/1 000~4/1 000 之间,渠道边坡一般为 45°。渠道方向应与作业区边线平行,各级渠道应相互垂直。引水渠道占地面积一般为苗圃总面积的 1%~5%。

暗管引水是将水源通过埋入地下的管道引入苗圃作业区进行灌溉的形式。通过管道引水可实施喷灌、滴灌、渗灌等节水灌溉技术。暗管引水不占用土地,也便于田间机械作业。喷灌、滴灌、渗灌等灌溉方式比地面灌溉节水效果显著,灌溉效果好,节省劳力,工作效率高,能够减少对土壤结构的破坏,保持土壤原有的疏松状态,避免地表径流和水分的深层渗漏。虽然投资较大,但在水资源匮乏地区以管道引水,采用节水灌溉技术应是苗圃灌溉的发展方向。

喷灌是通过地上架设喷灌喷头将水射到空中,形成水滴降落地面的灌溉技术。滴灌是通过铺设于地面的滴灌管道系统把水输送到苗木根系生长范围的地面,从滴灌滴头将水滴或细小水流缓慢均匀地施于地面,渗入植物根际的灌溉技术。渗灌是通过埋设在地下的渗灌管道系统,将水输送到苗木根系分布层,以渗漏方式向植物根部供水的灌溉技术。这三种节水灌溉技术的节水效率相比较,以渗灌和滴灌优于喷灌。喷灌在喷洒过程中水分损失较大,尤其在空气干燥和有风的情况下更为严重。但由于园林苗木培育过程中经常需要移植,不适宜采用渗灌和滴灌,因此,喷灌是园林苗圃中最常用的一种节水灌溉形式。

3. 排水系统的设置

地势低、地下水位高、雨量多的地区,应重视排水系统的建设。排水系统通常分为大排水沟、中排水沟、小排水沟三级。排水沟的坡降略大于渠道,一般为 3/1 000~6/1 000。大排水沟应设在圃地最低处,直接通入河流、湖泊或城市排水系统;中、小排水沟通常设在路旁;作业区内的小排水沟与步道相配合。在地形、坡向一致时,排水沟和灌溉渠往往各居道路一侧,形成沟、路、渠整齐并列格局。排水沟与路、渠相交处应设涵洞或桥梁。一般大排水沟宽 1 m 以上,深 0.5~1 m;作业区内小排水沟宽 0.3 m,深 0.3~0.6 m。苗圃四周宜设置较深的截水沟,可防止苗圃外的水入侵,并具有排除内水保护苗圃的作用。排水系统占地面积一般为苗圃总面积的 1%~5%。

4. 防护林带的设置

在环境条件比较差的地区,圃地周围应设置防护林带,以避免植株遭受风沙危害。一般小型圃地与主风方向垂直设一条林带,中型圃地在四周设置林带,大型圃地除设置环园林带外,并在圃内结合道路等设置与主风方向垂直的辅助林带。

5. 建筑管理区的设置

苗圃管理区包括房屋建筑和圃内场院等部分。房屋建筑主要包括办公室、宿舍、食堂、仓库、种子贮藏室、工具房、车库等；圃内场院主要包括运动场、晒场、堆肥场等。苗圃管理区应设在交通方便、地势高燥的地方。中、小型苗圃办公区、生活区一般选择在靠近苗圃出入口的地方。大型苗圃为管理方便，可将办公区、生活区设在苗圃中央位置。堆肥场等则应设在较隐蔽，但便于运输的地方。管理区占地面积一般为苗圃总面积的1%～2%。

1.2.3 园林苗圃设计图的绘制和设计说明书编写

一、绘制设计图

在绘制设计图前，必须了解苗圃的具体位置、界限、面积；育苗的种类、数量、出圃规格、苗木供应范围；苗圃的灌溉方式；苗圃必需的建筑、设施、设备；苗圃管理的组织机构、工作人员编制等。同时应有苗圃建设任务书和各种有关的图纸资料，如现状平面图、地形图、土壤分布图、植被分布图等，以及其他有关的经营条件、自然条件、当地经济发展状况资料等。

在完成上述准备工作的基础上，通过对各种具体条件的综合分析，确定苗圃的区划方案。以苗圃地形图为底图，在图上绘出主要道路、渠道、排水沟、防护林带、场院、建筑物、生产设施构筑物等。根据苗圃的自然条件和机械化条件，确定作业区的面积、长度、宽度、方向。根据苗圃的育苗任务，计算各树种育苗需占用的生产用地面积，设置好各类育苗区。这样形成的苗圃设计草图，经多方征求意见，进行修改，确定正式设计方案，即可绘制正式设计图。

正式设计图的绘制应按照地形图的比例尺，将道路、沟渠、林带、作业区、建筑区等按比例绘制在图上，排灌方向用箭头表示。在图纸上应列有图例、比例尺、指北方向等。各区应编号，以便说明各育苗区的位置。目前，各设计单位都已普遍使用计算机绘制平面图、效果图、施工图等。

二、编写规划设计书

园地规划设计书是对规划设计和施工建设的详细说明。其中包括：

1. 总体规划

包括整个圃地建设的背景，总体规划设计的原则，总体思路，应达到的效果，圃地的总面积，主栽作物种类和品种、数量及不同成熟品种栽培面积的比例等。

2. 小区规划说明

包括小区的数量、面积，主栽作物的种类、品种和数量、栽植方式、栽植密度以及采用的耕作制度。

3. 道路和排灌系统规划说明

说明主干道路、支路的宽度，路边行道树的种类、栽植密度和栽植方式。计算出道路占用的土地面积，排灌渠道的高度、宽度和深度、水源的供水能力，各种管线的规格要求及用量，铺设的方法等。

4. 风林系统

说明主林带和副林带栽植树木的种类、行数、栽植方式及距种植作物的距离，能抵御灾害性大风的能力等。

5. 附属建筑物

说明建筑物的名称、用途、建筑面积和占用的土地面积、建筑物的设计要求等。

6. 新建圃地的投资估算

详细列出新建圃地的生产投入,包括平整土地租用机械的费用、人工费用,道路和水利设施的材料消耗费用、人工费用、土地占用费用,种子和种苗成本费用,生产资料占用费、水电费、人工费,附属建筑物建筑费等建立新圃地的所有投入。

7. 估算成本回收的时间

首先估算在圃地进入正常营运前每年的经济效益,并进行累加,再估算进入正常生产后每年的经济效益,然后估算整个圃地收回成本的时间。

在实际操作中,还应进行建设项目的可行性论证、产品市场的分析等。

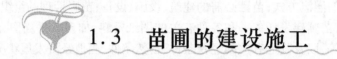

1.3 苗圃的建设施工

一、水、电、通讯的引入和建筑工程施工

房屋的建设和水、电、通讯的引入应在其他各项建设之前进行。水、电、通讯是搞好基建的先行条件,应最先安装引入。为了节约土地,办公用房、宿舍、仓库、车库、机具库、种子库等最好集中于管理区一起兴建,尽量建成楼房。组培室一般建在管理区内。温室虽然是占用生产用地,但其建设施工也应先于圃路、灌溉等其他建设项目进行。

二、圃路工程施工

苗圃道路施工前,先在设计图上选择两个明显的地物或两个已知点,定出一级路的实际位置,再以一级路的中心线为基线,进行圃路系统的定点、放线工作,然后方可修建。圃路路面有很多种,如土路、石子路、灰渣路、柏油路、水泥路等。大、中型苗圃道路一级路和二级路的设置相对比较固定,有条件的苗圃可建成柏油路或水泥路,或者将支路建成石子路或灰渣路。大、中型苗圃的三级路和小型苗圃的道路系统主要为土路。

三、灌溉工程施工

用于灌溉的水源如果是地表水,应先在取水点修筑取水构筑物,安装提水设备。如果是开采地下水,应先钻井,安装水泵。

采用渠道引水方式灌溉,最重要的是一级和二级渠道的坡降应符合设计要求,因此需要进行精确测量,准确标示标高,按照标示修筑渠道。修筑时先按设计的宽度、高度和边坡比填土,分层夯实,当达到设计高度时,再按渠道设计的过水断面尺寸从顶部开掘。采用水泥渠作一级和二级渠道,修建的方法是先用修筑土筑渠道的方法,按设计要求修成土渠,然后再在土渠底部和两侧挖取一定厚度的土,挖土厚度与浇筑水泥的厚度相同,在渠中放置钢筋网,浇筑水泥。

采用管道引水方式灌溉,要按照管道铺设的设计要求开挖 1 m 以上的深沟,在沟中铺设好管道,并按设计要求布置好出水口。

喷灌等节水灌溉工程的施工,必须在专业技术人员的指导下,严格按照设计要求进行,并应在通过调试能够正常运行后再投入使用。

四、排水工程施工

一般先挖掘向外排水的大排水沟。挖掘中排水沟与修筑道路相结合,将挖掘的土填于路面。作业区的小排水沟可结合整地挖掘。排水沟的坡降和边坡都要符合设计要求。

五、防护林工程施工

应在适宜季节营建防护林,最好使用大苗栽植,以便尽早形成防护功能。栽植的株、行距按设计规定进行,栽后及时灌水,并做好养护管理工作,以保证成活和正常生长。

六、土地准备工程施工

苗圃地形坡度不大者,可在路、沟、渠修成后结合土地翻耕进行平整,或在苗圃投入使用后结合耕种和苗木出圃等,逐年进行平整,这样可节省苗圃建设施工的投资,也不会造成原有表层土壤的破坏。蔬菜、花卉苗圃地平整度要求最高,林木果苗圃地可有一定坡度。坡度过大时必须修筑梯田,这是山地苗圃的主要工作项目,应提早进行施工。地形总体平整,但局部不平者,按整个苗圃地总坡度进行削高填低,整成具有一定坡度的圃地。

在圃地中如有盐碱土、沙土、黏土时,应进行必要的土壤改良。

1. 沙质土壤的改良

(1) 在春秋翻耕时大量施用有机肥,使氮素肥料能保存在土壤中不至流失。

(2) 每年每公顷施河泥、塘泥 750 kg,改变沙土过度疏松的状况,使土壤肥力逐年提高。

(3) 沙层不厚的土壤通过深翻,使底层的黏土与上面的沙层进行掺和。种植豆类绿肥翻入土壤中增加土壤中的腐殖质。

(4) 施用土壤改良剂。

2. 红黄壤黏重土的改良

(1) 掺沙,一般一份黏土加 2~3 份沙。

(2) 增施有机肥和广种绿肥植物,提高土壤肥力和调节酸碱度。但尽量避免施用酸性肥料,可用磷肥和石灰($750 \sim 1050 \text{ kg/hm}^2$)等。适用的绿肥有紫云英、蚕豆、毛叶苕子等。

(3) 合理耕作,实施免耕或少耕,实施生草法等土壤管理措施。

3. 低洼盐碱地土壤的改良

(1) 适时合理地灌溉,洗盐或以水压盐,使土壤含盐量降低。

(2) 多施有机肥,种植绿肥植物,促进团粒结构形成,以改良土壤不良结构,提高土壤中营养物质的有效性。

(3) 化学改良,施用土壤改良剂,提高土壤的团粒结构和保水性能。

(4) 中耕,地表覆盖,减少地面过度蒸发,防止盐碱度上升。

(5) 种植耐盐碱蔬菜,如结球甘蓝、莴苣、菠菜、南瓜、芹菜、大葱等。

1.4　苗圃技术档案的建立

技术档案是对苗圃生产、试验和经营管理的记载。从苗圃开始建设起,即应作为苗圃生产经营的内容之一,建立苗圃的技术档案。苗圃技术档案是合理地利用土地资源和设施、设备,科学地指导生产经营活动,有效地进行劳动管理的重要依据。

一、建立园林苗圃技术档案的基本要求

(1) 技术档案是苗木生产的真实反映和历史记载,要长期坚持,不能间断。

(2) 应设专职或兼职档案管理人员,专门负责苗圃技术档案工作,人员应保持稳定,如有工作变动,要及时做好交接工作。

(3) 观察记载要认真仔细,实事求是,及时准确,系统完整。

(4) 每年必须对材料及时汇集整理,分析总结,为今后的苗圃生产提供依据。

(5) 按照材料形成时间的先后分类整理,装订成册,归档,妥善保管。

二、苗圃技术档案的主要内容

(1) 苗圃基本情况档案：主要包括苗圃的位置、面积、经营条件、自然条件、地形图、土壤分布图、苗圃区划图、固定资产、仪器设备、机具、车辆、生产工具以及人员、组织机构等情况。

(2) 苗圃土地利用档案：以作业区为单位,主要记载各作业区的面积、苗木种类、育苗方法、整地、改良土壤、灌溉、施肥、除草、病虫害防治以及苗木生长质量等基本情况。

(3) 苗圃作业档案：以日为单位,主要记载每日进行的各项生产活动、劳力、机械工具、能源、肥料、农药等使用情况。

(4) 育苗技术措施档案：以植物种、品种为单位,主要记载各种苗木从种子、插条、接穗等繁殖材料的处理开始,直到起苗、假植、贮藏、包装、出圃等育苗技术操作的全过程。

(5) 苗木生长发育调查档案：以年度为单位,定期采用随机抽样法进行调查,主要记载苗木生长发育情况。

(6) 气象观测档案：以日为单位,主要记载苗圃所在地每日的日照长度、温度、降水、风向、风力等气象情况。苗圃可自设气象观测站,也可抄录当地气象台的观测资料。

(7) 科学试验档案：以试验项目为单位,主要记载试验的目的、试验设计、试验方法、试验结果、结果分析、年度总结以及项目完成的总结报告等。

(8) 苗木销售档案：主要记载各年度销售苗木的种类、规格、数量、价格、日期、购苗单位及用途等情况。

 本章小结

苗圃是繁殖与培育苗木的基地,在建立苗圃之前,要对欲建立苗圃的经营条件和自然条件进行分析研究,如培育的是蔬菜和果树,则应符合绿色植物生长的环境要求。圃地的规划设计是建圃工作的重要环节,在圃地规划之前,首先要进行实地勘察,了解圃地周围的道路交通、水源分布、地形地貌等条件,并对周围的植物生长情况进行调查。在踏勘基础上,绘出地形图,再按照生产用地70%~80%和辅助用地20%~30%的比例,根据生产用地和辅助用地的规划原则绘制规划设计图,在图中表明各育苗区和辅助用地区的配置,同时编制设计说明书。施工企业根据设计图和说明书,按照水、电、通讯、道路先行,灌溉、排水、防护林紧随和土地平整、土地改良最后的原则进行施工。苗圃投入运营后,建立苗圃技术档案,为合

理地利用土地资源和设施、设备,科学地指导生产经营活动,有效地进行劳动管理提供依据。

 复习思考

1. 选择苗圃用地时应考虑哪些条件?
2. 苗圃生产用地应如何进行合理区划?
3. 简述苗圃建立的基本步骤。
4. 黏性土质和沙性土质的土壤如何改良?
5. 假如给你80万元,谈谈你怎样去建立一个苗圃。
6. 苗圃技术档案包括哪些内容?

 考证提示

1. 中、小苗圃的建圃知识。
2. 苗圃土地区划的原则和方法。
3. 苗圃设计图的绘制和设计说明书的书写。
4. 小型苗圃建圃的施工。

第 2 章 播种繁殖与培育

学习目标

了解播种繁殖的特点;掌握播种前种子及土壤处理的基本知识;掌握破除种子休眠的方法;了解不同季节播种对种子萌发和生长的影响;掌握苗木密度与播种量的相互关系;掌握园艺植物常见的播种方法、播种技术和苗木管理的基本理论和基本技术。

2.1 播种繁殖的特点

2.1.1 播种繁殖的意义

播种繁殖是利用园艺植物的种子,对其进行一定的处理和培育,使其萌发生长,成为新的个体。在实际生产中播种繁殖应用最多,特别是许多蔬菜、花卉植物大多是用种子繁殖培育的。植物的种子体积小,采收、贮运、销售都很方便,所以播种繁殖及其种苗培育在园艺业中占有重要地位,种子、种苗业是园艺业中具有很大发展潜力的行业。据 2006 年国家统计年鉴,2005 年园艺作物中仅蔬菜中瓜类植物的播种面积就占农作物总播种面积的 12.82%,达到 1 772.1 万公顷。根据世界粮农组织统计数据测算,截止到 2005 年,中国蔬菜播种面积占世界的 46%,蔬菜产量占世界总产量的比例超过 50%。

2.1.2 播种繁殖的特点

一、园艺植物播种繁殖的优点

(1) 种子体积小,容易获得,采收、贮运方便,在较短时间内一次可得到大量种苗。
(2) 播种苗生长旺盛,有强大的根系,主根发达,有利生长。
(3) 播种苗对不良生长环境的抵抗较强,如抗旱、抗风、抗寒等一般高于营养繁殖苗。

(4) 播种苗遗传性不稳定,可塑性强,有利于引种驯化和定向培育新品种。
(5) 播种苗寿命比营养繁殖苗长。

二、种子繁殖的缺点

(1) 木本的果树、花卉及某些多年生草本植物采用种子繁殖开花结实较晚。
(2) 后代易出现变异,从而失去原有的优良性状,在蔬菜、花卉生产上常出现品种退化问题。
(3) 不能用于繁殖自花不孕植物及无籽植物,如葡萄、柑橘、香蕉及许多重瓣花卉植物。

三、种子繁殖在生产上的主要用途

(1) 大部分蔬菜、一二年生花卉及地被植物用种子繁殖。
(2) 实生苗常用于果树及某些木本花卉的砧木。
(3) 杂交育种必须使用播种来繁殖,并且可以利用杂交优势获得比父母本更优良的性状。

种子繁殖的一般程序是:采种→贮藏→种子活力测定→播种→播后管理。每一个环节都有其具体的管理要求。

2.2 播种前的准备

2.2.1 播种地的准备

一、深翻改土

深翻熟土是土壤改良的基本措施。园艺植物苗木的生长主要靠根系从土壤中吸取营养,根系的旺盛生长活动需要透气性良好和富有肥力的土壤条件。深翻熟土可以改善土壤结构和理化性状,增加土壤孔隙度,提高土壤的保水力、保肥力、透水性和透气性,同时增加土壤微生物分解难溶性有机物的能力,能引导根系向土壤深处生长。

二、增施有机肥

深翻结合施入有机腐熟肥料,能有效改善土壤的结构,增加土壤中的腐殖质,相应地提高了土壤肥力,从而为根系的生长创造条件。

三、土壤消毒

土壤是病虫繁殖的主要场所,也是传播病虫害的主要媒介,许多病菌、虫卵和害虫都在土壤中生存或越冬,土壤中还常有杂草种子。土壤消毒可控制土传病害、消灭土壤有害生物,为园林植物种子和幼苗创造有利的生存环境。

土壤常用的消毒方法有:

1. 火焰消毒

在日本用特制的火焰土壤消毒机(汽油燃料),使土壤温度达到79 ℃~87 ℃,既能杀死各种病原微生物和草籽,也可杀死害虫,而土壤有机质并不燃烧。在我国,一般采用燃烧消毒法,在露地苗床上,铺上干草点燃,可消灭表土中的病菌、害虫和虫卵,翻耕后还能增加一部分钾肥。

2. 蒸气消毒

多用60 ℃水蒸气通入土壤,密闭保持30 min,既可杀死土壤线虫和病原物,又能较好地保留有益菌。

3. 溴甲烷消毒

溴甲烷是土壤熏蒸剂,可防治真菌、线虫和杂草。在常压下,溴甲烷为无色无味的液体,对人类剧毒的临界值为0.065 mg/L,因此,操作时要配戴防毒面具。一般用药量为50 g/m²。将土壤整平后开浅沟,将药罐放在预先置入沟中的"W"形开孔器上,用塑料薄膜覆盖,四周压紧,用脚踏破药罐,药液流出气化,熏蒸1～2天,揭膜散气2天后再使用。由于此药剧毒,必须经专业人员培训后方可使用。

4. 甲醛消毒

40%的甲醛溶液称福尔马林,用50倍液浇灌土壤至湿润,用塑料薄膜覆盖,经两周后揭膜,待药液挥发后再使用。一般1 m³培养土均匀撒施50倍的甲醛400～500 mL。此药的缺点是对许多土传病害如根瘤病、枯萎病及线虫等效果较差。

5. 石灰粉消毒

石灰粉既可杀虫灭菌,又能中和土壤的酸性,南方多用。一般每平方米床面用15～20 g,或每立方米培养土用90～120 g。

6. 硫酸亚铁消毒

用硫酸亚铁干粉按2%～3%的比例拌细土撒于苗床,每公顷用药土150～200 kg。

7. 硫磺粉消毒

硫磺粉可杀死病菌,也能中和土壤中的盐碱,多在北方使用。用药量为每平方米床面用25～30 g,或每立方米培养土施入80～90 g。

此外,还有很多药剂,如五氯硝基苯、辛硫酸、代森锌、多菌灵、氯化苦、漂白粉等,也可用于土壤消毒。近几年,我国从德国引进一种新药——必速灭颗粒剂,是一种广谱性土壤消毒剂,已用于高尔夫球场草坪、苗床、基质、培养土及肥料的消毒。使用量一般为1.5 g/m²或60 g/m³基质,大田15～20 g/m²。施药后要过7～15天才能播种,此期间可松土1～2次。

四、播种前的整地

播种前的整地,为种子的发芽、幼苗出土创造良好条件,以提高场圃发芽率和便于幼苗的抚育管理。

整地的要求如下:

1. 细致平坦

播种地要求土地细碎,在地表10 cm深度内没有较大的土块。种子越小其土粒也应细小,否则种子落入土壤缝隙中吸不到水分影响发芽,也会因发芽后的幼苗根系不能和土壤密切结合而枯死。播种地还要求平坦,这样灌溉均匀,降雨时不会因土地不平低洼处积水而影响苗木生长。

2. 上松下实

播种地整好后,应为上松下实。上松有利于幼苗出土,减少下层土壤水分的蒸发;下实可使种子处于毛细管水能够达到的湿润土层中,以满足种子萌发时所需要的水分。上松下实为种子萌发创造了良好的土壤环境。为此,播种前松土的深度不宜过深,应等于大、中、小粒种子播种的深度。土壤过于疏松时,应进行适当的镇压,在春季或夏季播种,土壤表面过于干燥时,应播前灌水(俗称阴床)或播后进行喷水。

2.2.2 种子处理

播种前进行种子处理是为了提高种子的场圃发芽率,使出苗整齐、促进苗木生长,缩短育苗期限,提高苗木的产量和质量。

一、种子精选

为提高种子的纯度,播种前按种粒的大小加以分级,分别播种,使发芽迅速,出苗整齐,便于管理。种子精选一般选用水选、筛选、风选等方法。

二、种子晾晒

对欲播种的种子进行晾晒消毒,可以激活种子的生命活力,提高发芽率,并使苗木生长健壮、出苗整齐。

三、种子消毒

播种前对种子进行消毒,既可杀虫防病,又能预防保护。杀虫防病是指杀死种子本身所带的病菌和害虫,使种子在土壤中免遭病虫的危害。种子消毒一般采用药剂拌种或浸种的方法。

1. 硫酸铜、高锰酸钾溶液浸种

此法适用于针叶树及阔叶树种子杀虫消毒。用硫酸铜溶液进行消毒,可用 0.3%~1% 的溶液,浸种 4~6 h,若用高锰酸钾消毒,则用 0.5% 溶液浸种 2 h,或用 5% 溶液浸种 30 min。但对催过芽的种子以及胚根已突破种皮的种子,不能用高锰酸钾消毒。

2. 甲醛(福尔马林)浸种

一般用于针叶树及阔叶树种子消毒。在播种前 1~2 h,用 0.15% 的甲醛溶液浸种 15~30 min,取出后密闭 2 h,再将种子摊开阴干即可播种。

3. 药剂拌种

(1)赛力散(磷酸乙基汞)拌种。此法适用于针叶树种子,一般于播种前 20 天进行拌种,每千克种子用药 2 g,拌种后密封贮藏,20 天后进行播种,既有消毒作用也起防护作用。

(2)西力生(氯化乙基汞)拌种。此法适用于松柏类种子,消毒好,且有刺激种子发芽的作用。用法及作用与赛力散相似,每千克种子用药 1~2 g。

4. 升汞(氯化汞)浸种

此法适用于松柏类及樟树等种子。用升汞进行种子消毒,一般用 0.1% 溶液浸种 15 min。

5. 五氯硝基苯混合剂施用或拌种

目前常以五氯硝基苯和敌克松(对二甲氨基苯重氮磺酸钠)以 3∶1 的比例配合,结合播种施用于土壤,施用量 2~68 g/m^2,亦可单用敌克松粉剂拌种,用药量为种子重的 0.2%~0.5%,对防止松柏类树种的立枯病有较好效果。

6. 石灰水浸种

用 1%~2% 的石灰水浸种 24~36 min,对于杀死落叶松种子病菌有较好效果。

种子消毒过程中,应特别注意药剂浓度和操作安全,胚根已突破种皮的种子进行消毒易受伤害。

四、接种工作

1. 根瘤菌剂

根瘤菌能固定大气中的游离氮以满足苗木对氮的需要。豆科树种或赤杨类树种育苗时,需要接种根瘤菌剂。方法是将根瘤菌剂撒在种子上充分搅拌后,随即播种。

2. 菌根菌剂

菌根菌能供应苗木营养,代替根毛吸收水分和养分,促进生长发育,这在苗木幼龄期尤为迫切。通过接种可以促进吸收,从而提高苗木质量。菌剂的使用方法,是将菌剂加水拌成糊状,拌种后立即播种。

3. 磷化菌剂

幼苗在生长初期很需要磷,而磷在土壤中易被固定,因此可用磷化菌剂拌种后再行播种。

五、破眠催芽

1. 机械破皮

破皮是开裂、擦伤或改变种皮的过程。破皮使坚硬和不透水的种皮(如山楂、樱桃、山杏等)透水透气,从而促进发芽。砂纸磨、锥刀铿或锤砸、碾子碾及老虎钳夹开种皮等适用于少量大粒种子。对于大量种子,则需要用特殊的机械破皮机。

2. 化学处理

种壳坚硬或种皮有蜡质的种子(如山楂、酸枣及花椒等),亦可浸入有腐蚀性的浓硫酸(95%)或氢氧化钠(10%)溶液中,经过短时间的处理,使种皮变薄、蜡质消除、透性增加,利于萌芽。浸后的种子必须用清水冲洗干净。

用赤霉素(5~10 uL/L)处理可以打破种子休眠,代替某些种子的低温处理。大量元素肥料如硫酸铵、尿素、磷酸二氢钾等,可用于拌种。硼酸、钼酸铵、硫酸铜、过锰酸钾等微肥和稀土,可用来浸种,使用浓度一般为0.1%~0.2%。用0.3%碳酸钠和0.3%溴化钾浸种,也可促进种子萌发。

3. 清水浸种

水浸泡种子可软化种皮,除去发芽抑制物,促进种子萌发。水浸种时的水温和浸泡时间是重要条件,有凉水(25 ℃~30 ℃)浸种、温水(55 ℃)浸种、热水(70 ℃~75 ℃)浸种和变温(90 ℃~100 ℃,20 ℃以下)浸种等。后两种适宜有厚硬壳的种子,如核桃、山桃、山杏、山楂、油松等,可将种子在开水中浸泡数秒,再在流水中浸泡2~3天,待种壳一半裂口时播种,但切勿烫伤种胚。

4. 层积处理

将种子与潮湿的介质(通常为湿沙)一起贮放在低温条件下(0 ℃~5 ℃),以保证其顺利通过后熟作用,这种方法叫层积,也称沙藏处理。春播种子常用此种方法来促进萌芽。

层积前先用水浸泡种子5~24 h,待种子充分吸水后,取出晾干,再与洁净河沙混匀。沙的用量是:中小粒种子一般为种子容积的3~5倍,大粒种子为5~10倍。沙的湿度以手捏成团不滴水即可,约为沙最大持水量的50%。种子量大时用沟藏法,选择背阴高燥不积水处,沟深 50~100 cm,宽 40~50 cm,长度视种子多少而定,沟底先铺 5 cm 厚的湿沙,然后将已拌好的种子放入沟内,到距地面 10 cm 处,用河沙覆盖,一般要高出地面呈屋脊状,上面再用草或草垫盖好(图 2-1)。种子量小时可用花盆或木箱层积。层积日数因不同种类而异,如八棱海棠 40~60 天,毛桃 80~100 天,山楂 200~300 天。层积期间要注意检查温、湿度,特别是春节以后更要注意防霉烂、过干或过早发芽,春季大部分种子露白时及时播种。

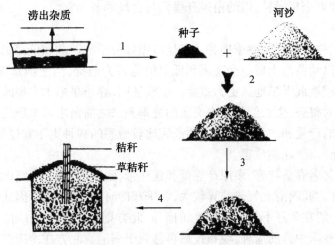

1. 水浸　2. 混合　3. 拌匀　4. 入坑

图 2-1　种子层积处理过程

5. 催芽

临播种前保证种子吸足水分,促使种子中养分迅速分解运转,以供给幼胚生长所需(称催芽)。催芽过程的技术关键是保持充足的氧气和饱和空气相对湿度,以及为各类种子的发芽提供适宜温度。保水可采用多层潮湿的纱布、麻袋布、毛巾等包裹种子。可用火炕、地热线和电热毯等维持所需的温度,一般要求 18 ℃~25 ℃。

2.3　播种育苗技术

2.3.1　确定播种时期

确定播种时期是育苗工作的重要环节之一。播种时期直接影响到苗木的质量、幼苗对环境条件的适应能力、土地的利用效率、苗木的养护管理措施以及出圃年限和出圃质量。适宜的播种时期能促使种子提早发芽,提高发芽率,使种子出苗整齐,生长健壮,增强抗逆能力,节省土地、人力和财力,提高生产效率和经济效益。播种期的确定主要根据园艺植物的特性和育苗地的气候特点。园艺植物的播种时期很不一致,随种子的成熟期、当地的气候条件及栽培目的不同而有较大的差异。我国南方全年均可播种,北方因冬季寒冷,露地育苗则受到一定限制,确定播种期应以保证幼苗能安全越冬为前提。生产上,播种季节常在春夏秋三季,以春季和秋季为主。如果在设施内育苗,北方也可全年播种。

一般园艺植物的播种期可分为春播和秋播两种,春播从土壤解冻后开始,以2~4月份为宜,秋播多在8、9月份到冬初土壤封冻前为止。温室蔬菜和花卉没有严格的季节限制,常随需要而定。露地蔬菜和花卉主要是春秋两季。果树一般早春播种,冬季温暖地带可晚秋播。亚热带和热带可全年播种,以幼苗避开暴雨与台风季节为宜。

一、春季播种

绝大多数园艺植物都可在春季播种。春播应做好种子的贮藏和催芽工作,以保证出苗;春播时间宜早,但以幼苗出土后不受晚霜和低温的危害为前提,当土壤解冻后,及时进行整地播种,在生长期较短或干旱地区更为重要。实践证明,春季早播木本类园艺植物可增加生长时间,使出苗早而整齐,生长健壮。在炎热的夏季到来之前苗木可木质化,增加抗病、抗旱的能力,提高苗木的产量和质量。但对晚霜危害比较敏感的树种则不宜过早播种,应考虑使幼苗在晚霜后出土,以防晚霜危害。

一年生花卉,又名春播花卉,多原产热带和亚热带,耐寒力不强,遇霜即枯死。通常于春季晚霜终止后播种。我国南北气候差异较大,冬季寒冷时期长短不一,因此各地春播适宜期不同。我国南方一般在2月下旬至3月上旬播种,北方则在4月上、中旬。此外,为提早开花,往往在温室或冷床中提前播种,晚霜过后再移栽于露地。北方在冷床进行一年生花卉的春播时可在3月下旬,露地春播可在4月中旬。

二、秋季播种

秋季也是一个重要的播种季节,一般除种粒很小和含水量大而易受冻害的种子之外,多数木本类园艺植物种子都可以在秋季播种,尤其是一些休眠期比较长的种子或板栗、山桃、山杏等大粒种子或种皮坚硬、发芽较慢的种子,都可进行秋播。秋播可使种子在圃中通过休眠期,完成播种前的催芽阶段,翌春幼苗出土早而整齐,延长苗木的生长期,幼苗生长健壮,成苗率高,增加抗寒能力,不仅减免了种子的贮藏和催芽处理,又减缓了春季作业繁忙、劳力紧张的矛盾。由于秋播出苗早,要注意防止晚霜的危害。

适宜秋播的地区很广,特别是华北、西北、东北等春季短而干旱且有风沙的地区更宜秋播。但是鸟兽为害严重或冬季极度寒冷的地区应避免秋播。秋播的时间,依植物特性和当地的气候条件的不同而异,对长期休眠的种子应适当早播,可随采随播;一般树种秋播时间不宜过早,多于晚秋进行,以防播后当年秋季发芽,幼苗遭受冻害。

两年生花卉秋播,要求在严冬到来之前,在冷凉、短日照气候条件下,形成强健的营养器官,次年春天开花。两年生花卉秋播适期因南北地区不同而异,南方较迟,约在9月下旬至10月上旬;北方较早,约在9月上旬至中旬,北京地区一般在8月中下旬播种。而在一些冬季特别寒冷的地区,如青海、西宁,两年生花卉,皆春播。

另外,一些露地两年生花卉在冬季严寒到来之前,地尚未封冻时进行播种,北京地区一般可在11月下旬进行,使种子在休眠状态下越冬,并经春化阶段,如锦团石竹、福禄考、月见草等。还有一些直根性的两年生花卉,亦属此类,如飞燕草、罂粟、虞美人、矢车菊、香矢车菊、花菱草、霞草等,初冬直播在观赏地段,不用移植。如冬季未能播种,也可以在早春地面解冻约10 cm深时进行播种,早春的低温尚可满足其春化的要求,但不如冬播生长良好。

三、夏季播种

夏季播种适合在春夏成熟而又不宜贮藏或者生活力较差的种子,如桑、枇杷等。一般在种子成熟后随采随播。夏季气温高,土壤水分易蒸发,表土干燥,不利于种子的发芽,尤其是在夏季干旱地区更为严重,因此覆草保墒,在雨前进行播种或播后灌一次透水,这样浇透底水有利于种子的发芽。播后要加强管理,适时灌水,保持土壤湿润,降低地表温度,促进幼苗生长。播种后的遮阴和保湿工作是育苗能否成功的关键。

夏季蔬菜育苗的播种期应综合考虑种植方式、气候特点、蔬菜种类和所选用的品种而定。夏季由于温度高,幼苗生长发育快,育苗时期较秋冬蔬菜育苗大幅度缩短,瓜类蔬菜只需要15~20天,茄果类蔬菜30~35天,甘蓝类蔬菜的苗龄为25~30天。长江流域秋甘蓝一般6月下旬播种育苗,秋季延后栽培的茄果类蔬菜7月上中旬播种育苗,瓜类蔬菜7月中下旬至8月上旬播种育苗。

另外,有些植物如非洲菊、报春、大岩桐、腊梅、枇杷等,因种子含水量大,失水后容易丧失发芽力或寿命缩短,采种后最好随即播种。表2-1为部分园艺植物播种期。

表2-1　部分园艺植物播种期

时期	植物名称
春季	香椿、银杏、山桃、山杏、沙枣、腊梅、杜鹃、天目琼花等树种,飞燕草、虞美人、矢车菊、花菱草、麦冬、鸡冠花、千日红、一串红、孔雀草、凤仙花、霞草等花卉
夏季(随采随播)	桑、芍药、枇杷等
秋季(及初冬)	银杏、核桃、腊梅、海棠、山桃、山楂、沙枣、南天竹、牡丹、茶花、天目琼花等,锦团石竹、福禄考、月见草、虞美人、矢车菊、花菱草、萱草、美人樱、黑心菊等花卉

2.3.2　播种密度与播种量的计算

一、苗木的密度

苗木密度是单位面积(或单位长度)上苗木的数量。要实现苗木的优质高产,必须在保证每株苗木生长发育健壮的基础上获得单位面积(或单位长度)上最大限度的产苗量。密度过大,则营养面积不足,通风不良,光照不足,使光合作用的产物减少,影响苗木的生长;苗木高径比值大,苗木细弱,叶量少,顶芽不饱满,根系不发达,根系的生长受到抑制,根幅小、侧根少,干物质重量小,易受病虫害,移植成活率低。当苗木密度过小时,不但影响单位面积的产苗量,而且由于苗木稀少,苗间空地过大,土地利用率低,易孳生杂草,同时增加了土壤中水分、养分的损耗,不便于管理。因此,苗木的密度对保证苗木的产量和质量、苗圃的生产率和经济效益起着相当重要的作用。

确定苗木的播种密度要依据树种的生物学特性、生长的快慢、圃地的环境条件、育苗的年限以及育苗的技术要求进行综合考虑,对生长快、生长量大、所需营养面积大的树种,播种时应稀一些,如山桃等。幼苗生长缓慢的树种可播密一些,对于播后一年后移植的树种可密;而直接用于嫁接的砧木宜稀,以便于嫁接时的操作。苗木密度的大小取决于株行距,尤其是行距的大小。播种苗床的一般行距为8~25 cm左右;大田育苗一般行

距为 50~100 cm。行距过小不利于通风透光,不便于管理(如机械化操作)。单位面积的产苗量一般范围为:

对木本园艺植物一年生播种苗,大粒种子或速生树种为(25-50)~120 株/m²,生长速度中等的树种 60~100 株/m²。

二、播种量

1. 播种量的计算

播种量是指单位面积或长度上播种种子的重量。适宜的播种量既不浪费种子,又有利于提高苗木的产量和质量。播量过大,浪费种子,间苗也费工,苗木拥挤和竞争营养,易感病虫,苗质下降;播量过小,产苗量低,易长杂草,管理费工,也浪费土地。计算播种量的公式是:

$$X = \frac{CAW}{PG \times 1000^2}$$

式中:X——单位面积或长度上育苗所需的播种量,单位为 kg;

A——单位面积或长度上产苗数量,单位为株;

W——种子千粒重,单位为 g;

P——种子的净度,%;

G——种子发芽率;

C——损耗系数。

损耗系数因自然条件、圃地条件、树种、种粒大小和育苗技术水平而异。一般认为,种粒越小,损耗越大,如大粒种子(千粒重在 700 g 以上),$C=1$;中小粒种子(千粒重在 3~700 g),$1<C<5$;极小粒种子(千粒重在 3 g 以下),$C=10~20$。

例如,生产一年生毛桃播种苗 1 hm²,每平方米计划产苗 50 株,种子纯度 95%,发芽率 90%,千粒重 4000 g,其所需种子量为:

$$\frac{50 \times 4000}{0.95 \times 0.90 \times 1000^2} = 0.2339。$$

采用床播 1 hm² 的有效作业面积约为 6000 m²,则 1 hm² 播种量为:0.2339 × 6000 kg = 1403.5 kg。

2. 单位面积总播种行的计算

下列分两种方法介绍计算单位面积(hm²)的播种行总长度(m)。

(1) 垄作的计算方法:

$$X = \frac{L \times 100 \times n}{B}$$

式中:X——每公顷播种行总长度;

L——每垄长度(100 m);

n——每垄行数;

B——垄宽(m)。

(2) 床作的计算方法:

$$X = \frac{100^2 KC}{(K+B)(C+B)G}$$

式中：X——每公顷苗床播种行的总长度(m)；
K——苗床宽度(m)；
C——苗床长度(m)；
B——步道宽度(m)；
G——行距(m)。

三、育苗方式

园林苗圃中的育苗方式可分为苗床育苗和大田育苗两种。

1. 苗床育苗

此方法用于生长缓慢，需要细心管理的小粒种子以及量少或珍贵种类的播种，一般采用苗床播种。苗床育苗具有可缩短大田管理时间，提高土地利用率，同时可利用大棚等设施创造防寒、保温、避雨、降温等适合的生长环境条件，便于集中管理培育壮苗，节省用种量，秧苗便于异地运输等优点。一般大棚等反季节栽培的，只要有可能，都应采用育苗移栽的方式，如茄果类蔬菜、瓜类蔬菜、部分豆类蔬菜、甘蓝类蔬菜等。

（1）高床：床面高于地面的苗床称为高床，整地后取步道土壤覆于床上，使床一般高于地面15～30 cm；床面宽约100～120 cm。高床可促进土壤通气，提高土温，增加肥土层的厚度，并便于灌水及排水，适用于我国南方多雨地区、黏重土壤易积水或地势较低、条件差的地区以及要求排水良好的树种，如油松、白皮松、木兰等。

（2）低床：床面不高于地面，而使床梗高于地面15～20 cm，床梗宽30～40 cm，床面约100～120 cm。低床便于灌溉，适用于温度不足和干旱地区育苗。对于喜湿的中、小粒种子的树种如悬铃木、太平花、水杉等适用。我国华北、西北地区多采用低床育苗。

2. 大田式育苗

大田式育苗又称农田式育苗，不作苗床，将种子直接播于圃地。此方法便于机械化生产和大面积进行连续操作，工作效率高，节省人力。由于株行距大，光照通风条件好，苗木生长健壮而整齐，可降低成本，提高苗木质量，但苗木产量略低。为了提高工作效率，减轻劳动强度，实现全面机械化，在面积较大的苗圃中多采用大田式育苗。常采用大田播种的树种有山桃、山杏、海棠、君迁子等。但也有一部分蔬菜不适合育苗，如菠菜、茼蒿、苋菜、香菜等叶菜类蔬菜和萝卜、胡萝卜等不能育苗移植，而用种子直播。直播则可节省劳力，当外界温度等条件适合种子发芽及幼苗生长时，就可采用直播方式。大田式育苗时采用的播种方式一般以撒播为主，对于大粒种或价格较贵的种子，可进行营养钵穴播育苗，如西瓜、甜瓜。

大田式育苗分为平作和垄作两种。平作在土地整平后即播种，一般采用多行带播，能提高土地利用率和单位面积产苗量，便于机械化作业，但灌溉不便，宜采用喷灌。垄作目前使用较多，主垄通气条件较好，地温高，有利于排涝和根系发育，适用于怕涝树种如合欢等。高垄规格，一般要求垄距60～80 cm，垄高20～50 cm，垄顶宽度20～25 cm(双行播种宽度可达1.45 cm)，垄长20～25 cm，最长不应超过50 cm。

四、播种方法

生产上常用的播种方法有撒播、条播和点播。

1. 撒播

将种子均匀地撒于苗床上为撒播。撒播单位面积出苗率高，利用土地较经济，小粒种子如一串红、万寿菊、菠菜、海棠、山定子、韭菜、菠菜、小葱等,常用此法。畦上施腐熟肥料,与土壤充分混合后,将畦压平,灌水再播种,然后覆土,并覆稻草。撒播要均匀,不可过密。撒播后用耙轻耙或用筛过的土覆盖,稍埋住种子为度。为使播种均匀,可在种子里掺上细沙。此法比较省工,而且出苗量多,但由于出苗后不成条带,出苗稀密不均,不便于进行锄草、松土、病虫防治等管理,且小苗长高后也相互遮光,最后起苗也不方便。因此,最好改撒播为条播(条带撒播),播幅10 cm左右。

2. 条播

按一定的行距将种子均匀地撒在播种沟内为条播。中粒种子如苹果、梨、白菜、海棠等,常用此法。用条播器在苗床上按一定距离开沟,沟底宜平,沟内播种,覆土填平。播幅为3～5 cm,行距20～35 cm,采用南北行向。条播比撒播省种子,且行间距较大,便于抚育管理及机械化作业,同时苗木生长良好,起苗也方便。条播可以克服撒播和点播的缺点,适宜大多数种子。

3. 点播

对于大粒种子,如板栗、银杏、核桃、杏、桃、龙眼、荔枝及豆类等,按一定的株行距逐粒将种子播于圃上,称为点播。先将床地整好,开穴。一般最小行距不小于30 cm,株距不小于10～15 cm。为了利于幼苗生长,种子应侧放,使种子的尖端与地面平行。每穴播种2～4粒,待出苗后根据需要确定留苗株数。该方法苗分布均匀,营养面积大,生长快,成苗质量好,但产苗量少。

播种深度依种子大小、气候条件和土壤性质而定,一般为种子直径的2～3倍,如核桃等大粒种子播种深为4～6 cm,海棠、杜梨2～3 cm,甘蓝、石竹、香椿0.5 cm为宜。总之,在不妨碍种子发芽的前提下,以较浅为宜。土壤干燥,可适当加深。秋、冬播种要比春季播种稍深,沙土比黏土要适当深些。为保持湿度,可在覆土后盖稻草、地膜等,种子发芽出土后撤除或开口使苗长出。一般情况下,播种深度相当于种子直径的2～3倍为宜。具体播深取决于种子的发芽势、发芽方式和覆土等因素。此外,播种深度要均匀一致,否则幼苗出土参差不齐,影响苗木质量。

五、播种过程

播种工作包括划线、开沟、播种、覆土、镇压五个环节。这些工作的质量和配合的好坏,直接影响播种后种子的发芽率、发芽势以及苗木生长的质量。

1. 划线

播种前划线定出播种位置,目的是使播种行通直,便于抚育和起苗。

2. 开沟与播种

开沟与播种两项工作必须紧密结合,开沟后应立即播种,以防播种沟干燥,影响种子发芽。播种沟宽度一般为2～5 cm,如采用宽条播种,可依其具体要求来确定播种沟宽度。播种沟的深度与覆土厚度相同(见覆土部分),在干旱条件下,播种沟底应镇压,以促使毛细管水的上升,保证种子发芽所需的水分。在下种时要使种子分布均匀。对极小粒种子(如瓜叶菊、四季海棠等)可不开沟,混沙直接播种。

3. 覆土

覆土是播种后用土、细沙或腐质土等覆盖种子,以保证种子能得到发芽所需的水分、温度和通气条件,又能避免风吹、日晒、鸟兽等的危害。播后应立即覆土。为保持适宜的水分与温度,促进幼苗出土,覆土要均匀,厚度要适宜。一般覆土厚度约为种子直径的2~3倍,过深过浅都不适宜,过深幼苗不易出土,过浅土层易干燥。

覆土的厚度对幼苗的出土有着明显的影响,不同覆土厚度,其种子发芽情况不同。正确确定覆土厚度,主要依据下列条件:

(1) 植物生物特性。大粒种子宜厚,小粒种子宜薄;子叶出土的可厚,子叶不出土的宜薄。

(2) 气候条件。干旱条件宜厚,湿润条件宜薄。

(3) 覆土材料。疏松的宜厚,否则宜薄。

(4) 土壤条件。沙质土壤略厚,黏重土壤略薄。

(5) 播种季节。一般春、夏播种的覆土宜薄,北方秋播宜厚。

4. 镇压

为使种子与土壤紧密结合,保持土壤中水分,播种后用石磙轻压或轻踩一下,尤其对疏松土壤很有必要。

采用机械进行播种是今后大面积育苗的方向。机械化播种具有以下优点:工作效率高、节省劳力,降低成本,能保证适时早播,不误农时;可使开沟、播种、覆土、镇压等工序同时完成,减少播种沟内水分的损失;覆土厚度适宜、种子分布均匀,出苗整齐,提高了播种质量。

2.4 播种地的管理

2.4.1 出芽前的管理

种子播入土中需要适宜的条件才能迅速萌芽。发芽期要求水分足、温度高,可于播种后立即覆盖农用塑料薄膜,以增温保湿。当大部分幼芽出土后,应及时划膜或揭膜放苗。出苗前若土壤干旱,应适时喷水或渗灌,切勿大水漫灌,以防表土板结闷苗。

从播种时开始到出土为止,这期间播种地的管理工作主要是:覆盖保墒、灌溉、松土、除草、防鸟兽等。

1. 覆盖保墒

播种后对播种地要进行覆盖,防止表土干燥、板结,可减少灌溉次数,并防鸟害。特别对小粒种子,覆土厚度在1 cm以内的树种都应该加以覆盖。

覆盖材料应就地取材、经济实用,不能妨碍幼苗出土,以不给播种地带来病虫害和杂草种子为前提。现用的覆盖材料有塑料薄膜、秸秆、竹帘、锯末、苔藓以及松树、云杉的枝条等。播种后及时覆盖,在种子发芽、幼苗大部分出土后,要分期、分批将草撤除,同时适当灌水,以保证苗床中的水分。

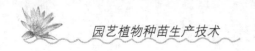

2. 灌溉

播种后由于气候条件的影响或出苗时间较长,易造成床面干燥,妨碍种子发芽,应适当补充水分。不同树种覆土厚度不同,灌水的方法和数量也不同。在土壤水分不足的地区或干旱季节,对覆土厚度不到 2 cm,又不加任何覆盖的播种地,要进行灌溉。播种中、小粒种子,最好在播前灌足底水,播后在不影响种子发芽的前提下,尽量不灌水或减少灌水次数。要注意水分过多易使种子腐烂;灌溉用细雾喷水,以防冲走覆土或冲倒幼苗。

3. 松土除草

土壤板结会大大降低场圃发芽率,因此要及时松土。如发生杂草,应及时用除草剂或人工除草,除草与松土应结合进行。

2.4.2 苗期管理

苗期管理是从播种后幼苗出土,一直到冬季苗木生长结束,对苗木及土壤进行管理,如遮阴、间苗、截根、灌溉、施肥、中耕、除草、病虫害防治等。

1. 遮阴、降温保墒

遮阴可使苗木不受阳光直接照射,可降低地表温度,防止幼苗遭受日灼危害,保持适宜的土壤温度,减少土壤和幼苗的水分蒸发,同时起到降温保墒的作用。幼苗都不同程度地喜欢庇阴环境,特别是喜阴植物更需要遮阴,防止灼伤。一般可用苇帘、竹帘设活动阴棚,帘子的透光度依当地的条件和树种的不同而异,透光度以 50% ~ 80% 较宜,阴棚一般高 40 ~ 50 cm。每日上午 9 时至下午 5 时左右进行放帘遮阴,其他早晚弱光时间或阴天可把帘子卷起。苗木受弱光照射,可增强光合作用,提高幼苗对外界环境的适应能力,促使幼苗生长健壮。也可采用插阴枝或间种等办法进行遮阴。

2. 间苗和补苗

间苗是为了调整幼苗的疏密度,使苗木之间保持一定的间隔距离,保持一定的营养面积、空间位置和光照范围,使根系均衡发展,苗木生长整齐健壮。间苗次数应依苗木的生长速度确定,一般间苗 1 ~ 2 次即可。速生植物或出苗较稀的,可行一次间苗,即为定苗。一般在幼苗高度达 10 cm 左右进行间苗,对生长速度中等或慢长种类,出苗较密的,可行两次间苗。第一次间苗在幼苗高达 5 cm 左右时进行,当苗高达 10 cm 左右时再进行第二次间苗,即为定苗。间苗的数量应按单位面积产苗量的指标进行留苗,其留苗数可比计划产苗量增加 5% ~ 15%,作为损耗系数,以保证产苗计划的完成。但留苗数不宜过多,以免降低苗木质量。间苗时,应间除有病虫害的、发育不正常的、弱小的、徒长的劣苗以及过密苗。补苗工作是补救缺苗断垄的一项措施,是弥补产苗数量不足的方法之一。补苗时期越早越好,以减少对根系的损坏。早补不但成活率高,且后期生长与原来苗无显著差别。补苗可结合间苗同时进行,最好选择阴天或傍晚,以减少强光的照射,防止萎蔫。

3. 截根和幼苗移栽

一般在幼苗长出 4 ~ 5 片真叶、苗根尚未木质化时进行截根。截根深度在 10 ~ 15 cm 为宜。可用锐利的铁铲、斜刃铁进行,将主根截断。目的是控制主根的生长,促进苗木的侧根、须根生长,加速苗木的生长,提高苗木质量,同时也提高移植后的成活率。截根适用于主根发达、侧根发育不良的树种,如核桃等。

结合间苗进行幼苗移栽,可提高种子的利用率,对珍贵或小粒种子的树种,可进行苗床或室内盆播等,待幼苗长出 2~3 片真叶后,再按一定的株行距进行移植。移栽的同时也起到了截根的效果,促进了侧根的发育,提高苗木质量。幼苗移栽后应及时进行灌水和给以适当遮阴。

4. 中耕除草

中耕即为松土,作用在于疏松表土层,增加土壤保水、蓄水能力,减少水分蒸发,促进土壤空气流通,加速微生物的活动和根系的生长发育,加速苗木生长,提高苗木质量。中耕和除草二者相结合进行,但意义不同,操作上也有差异。一般除草较浅,以能铲除杂草、切断草根为度;中耕则在幼苗初期浅些,以后可逐渐增加达 10 cm 左右。在干旱或盐碱地,雨后或灌水后,都应进行中耕,以保墒和防止返碱。

5. 灌水与排水

灌水和排水就是调节土壤湿度,使之满足不同树种在不同生长时期对土壤水分的要求。出土后的幼苗组织嫩弱,对水分要求严格,略有缺水即易发生萎蔫现象,水大又会发生烂根涝害,因此幼苗期间灌水工作是一项重要的技术措施。灌水量及灌水次数,应根据不同树种的特性、土质类型、气候季节及生长时期等具体情况来确定。沙质土比黏质土灌水量要大,次数要多;春季多风季节,气候干旱,比夏季灌水量要大,次数要多。

幼苗在不同的生长时期对水的需求量也不同。生长初期,幼苗小、根系短浅,需水量不大,只要经常保持土壤上层湿润,就能满足幼苗对水分的需要,因此灌水量宜小,但次数应多。在速生期,苗木的茎叶急剧生长,蒸腾量大,对水量的吸收量也大,故灌水量应大,次数应增多。生长后期,苗木生长缓慢即将进入停止生长期,正是充实组织,枝干木质化,增加抗寒能力阶段,应抑制其生长,要减少灌水、控制水分、防止徒长。

灌水方法目前多采用地沟灌水,床灌时要注意防止冲刷,灌水时进水量要小,水流要缓;高垄灌水让水流入垄沟内,浸透垄背,不要使水面淹没垄面,防止土面板结。有条件的地区可采用喷灌。喷出的水点要细小,防止将幼苗砸倒、根系冲出土面、或将泥土溅起,污染叶面,妨碍光合作用的进行,致使苗木窒息枯死。

6. 施肥

肥料的种类很多,可分为有机肥和无机肥两大类。有机肥如人粪尿、绿肥、堆肥、饼肥、垃圾废弃物等,一般营养元素全面,故称完全肥料。无机肥料包括各种化肥、微量元素肥(铁、硼、锰、镁等),一般成分单纯、含量高、肥效快,又称矿质肥料。另外由于有一些细菌和真菌,在土壤中活动或共生,供给植物所需的营养元素,刺激植物生长,与其他肥料具有同样的效能,称为细菌肥料,如根瘤菌剂、固氮菌剂、磷化菌剂等。

按施肥的时间分基肥和追肥两种。基肥多随耕地时施用,以有机肥为主,适当配合施用不易被土壤固定的矿质肥料如硫酸铵、氯化钾等,也可在播种时施用基肥(称种肥)。种肥常施用腐熟的有机物或颗粒肥料,撒入播种沟中或与种子混合随播种时一并施入。苗木在生长初期对磷敏感,用颗粒磷肥做种肥最为适宜。施用追肥的方法有土壤追肥和根外追肥两种。根外追肥是利用植物的叶片能吸收营养元素的特点,而采用液肥喷雾的施肥方法,对需要量不大的微量元素和部分化肥做根外追肥效果较好,既可减少肥料流失又可收效迅速。

在根外追肥时,应注意选择适当的浓度,一般微量元素浓度采用0.1%~0.2%,化肥采用0.2%~0.5%。

不同苗木的种类,不同的生长时期,所需肥料的种类和肥量差异很大。苗木的生长期中N的吸收比P、K都多,所以应在速生期施大量氮肥。在秋初以后,为了防止苗木徒长,应停止施氮肥,有利安全越冬。

7. 病虫害防治

对苗木生长过程中发生的病虫害,其防治工作必须贯彻"防重于治"和"治早、治小、治了"的原则,以免扩大成灾。具体的防治措施有以下几种。

(1) 栽培技术上的预防。实行秋耕和轮作;选用适宜的播种时期;适当早播,提高苗木抵抗力;做好播种前的种子处理工作等。合理施肥,精心培育,使苗木生长健壮,可以增强对病虫害的抵抗能力。施用腐熟的有机肥,以防病虫害及杂草的孳生。在播种前,使用甲醛等对土壤进行必要的消毒处理。

(2) 药剂防治和综合防治。苗木的病虫害常见的有猝倒病、立枯病、锈病、褐斑病、白粉病、腐烂病、枯萎病等,虫害主要有根部害虫、茎部害虫、叶部害虫等,当发现后要注意及时进行药物防治。

(3) 生物防治。保护和利用捕食性、寄生性昆虫和寄生菌来防治害虫,可以达到以虫治虫、以菌治病的效果,如用大红瓢虫可有效地消灭苗木中的吹绵介壳虫,效果很好。

8. 越寒防冻

苗木的组织幼嫩,尤其是秋梢部分,入冬时不能完全木质化,抗寒力低,且易受冻害;早春幼苗出土或萌芽时,也最易受晚霜的危害,要注意苗木的防冻。

适时早播,延长苗木生长期,促使苗木生长健壮;在生长后期多施磷、钾肥;减少灌水,促使苗木及时停长,枝条充分木质化,提高组织抗寒能力。冬季用稻草或落叶等把幼苗全部覆盖起来,次春撤除覆盖物;入冬前将苗木灌足冻水,增加土壤湿度,保护土壤温度。注意灌冻水不宜过早,一般在土壤封冻前进行,灌水量也要大。另外,可结合翌春移植,将苗木在入冬前掘出,按不同规格分级埋入假植沟或在地窖中假植,可有效防止冻害。

9. 轮作换茬

在同一块圃地上,用不同的种类,或用园艺植物与农作物、绿草等按照一定的顺序和区划进行轮换种植的方法称为轮作,又称换茬。轮作可以充分利用土壤的养分,增加土壤中的有机质,提高土壤肥力,加速土壤熟化,同时有利于消除杂草和病虫害的中间寄主,有利于控制病虫害的孳生蔓延,所以,在制定育苗计划时,应尽可能合理调换各树种的育苗区,或轮作一些绿草或种植豆科作物,以提高圃地的土壤肥力。

案例分析

草本花卉如何播种

草本花卉是指植株草质,生长和开花习性常随着一年四季的变更而发生周而复始的变化,通常根系较浅,要求及时给予水、肥管理的花卉。一、二年生草本花的播种育苗要求比较精细,也是最重要的工作。"苗好七分功"就充分体现了播种育苗的重要性。播种前应对种子的特性、播种条件、播种方法充分了解才能成功。

一、播种时期

一年生花卉,又名春播花卉,耐寒力不强,遇霜即枯死。通常于春季晚霜终止后播种。为提早开花,往往在温室或大棚中提前播种,晚霜过后再移栽于露地。例如,苏州在大棚进行一年生花卉的春播时可在3月中旬,露地春播可在4月上旬。

二年生花卉耐寒力较强,华东地区不加防寒保护即可安全越冬。二年生花卉秋播,要求在严冬到来之前,在冷凉、短日照气候条件下,形成强健的营养器官,次年春天开花。例如,二年生花卉秋播适期,苏州地区一般在8月下旬、9月初播种。另外,一些露地二年生花卉在冬季严寒到来之前,地尚未封冻时进行播种,苏州地区一般可在11月下旬进行,如锦团石竹、福禄考、月见草等。还有一些直根性的二年生花卉,如飞燕草、罂粟、虞美人、矢车菊、香矢车菊、花菱草、霞草等,初冬直播在观赏地段,不用移植。如冬季未能播种,也可以在早春地面解冻约10 cm深时进行播种。

温室花卉播种通常在温室中进行,受季节性气候条件的影响较小,播种期没有严格的季节性限制,常随着所需花期而定。

二、播种条件

介质:一般播种介质要求疏松透气、保水性好、pH适中、养分含量少、颗粒大小适中、无病害的轻质壤土或其他材料。介质首先要求有一定的保水性。此外,介质疏松透气也是很更要的。

温度:对一些种子春化类型或需低温打破休眠的种子,应保证其适当的低温。在重视发芽需一定适温的同时,还要注意日夜温差对种子发芽的影响。一般种类4 ℃~6 ℃的温差较为适宜。另外,在重视气温的同时不可忽视介质的温度。介质温度高时,种子发芽较为整齐,且发芽后根系生长较好。一般要求介质温度略高于气温2 ℃~4 ℃为宜,若过高则影响根的呼吸作用,甚至引起灼伤霉烂。

水分:在播种前应先充分了解种子发芽对湿度的要求,并在日常管理中给予适当的水分。在保证介质有充足水分的同时,还要保持介质水分的连续供应。一旦种子吸水即不可再失水,否则会影响发芽率。尤其是一些包衣种子,更不可回干。另一方面应重视空气湿度。例如,美女樱,当介质含水量高时,种子易腐烂而丧失发芽能力,而介质较干、空气湿度较大时,发芽率却较高。一般介质湿度持续保持在30%~50%、空气湿度持续保持在80%~90%时,发芽率可达80%以上。种子发芽后,空气湿度和介质湿度都应适当降低,可减少病虫害的发生,有利于根系的伸展。当要控水时,应根据苗木的生长特性而定。例如,四季海棠需湿润的环境,过干会抑制苗木生长,应逐步降低介质湿度,并保持空气湿度,而且在3、5天的控水后应立即补足一次水,然后再继续控水。

光照:种子依据其发芽对光照的敏感性可分为好光性种子、厌光性种子、中光性种子。好光性种子指发芽需一定的光照,而厌光性种子则是光照的存在会抑制发芽。但这些划分不是绝对的,一般好光性种子只需10 lx光也可发芽。因此在播种育苗过程中,无须过多地注重种子是否好光或厌光,只有仙客来的种子是绝对厌光,就算是1lx的光存在,也会抑制种子的发芽。一般来说,好光性种子应浅覆盖。不过,这也要依种子的大小而定,对中、大粒的好光性种子应适当覆盖,以避免发芽后根下扎困难,甚至出现胚根倒长的现象。厌光性种子原则上是覆盖。当有70%的种子发芽时,就应针对品种的不同特性,控制其湿度及光照。种子发芽后应逐步接受日照(喜阴作物除外),待其充分发芽后再全光照。光照的长短也会对植物的生长产生影响。种子发芽后一般应根据作物特性给予一定的光照,如万寿菊为短日照植物,给予其短日照则会促使其早开花。

三、播种方法

通常采用的播种方法有点播、条播和撒播三种。点播适合大粒种子;条播时注意不要播得太密,否则幼苗拥挤而造成高脚苗;撒播适合于细粒种子,如极细小的种子,可混入干洁的泥沙,以便均匀撒播。覆土深度取决于种子的大小,通常大粒种子覆土深度为种子厚度的三倍左右;小粒种子以不见种子为度。覆土完毕后,在床面均匀地覆盖一层稻草,然后用细孔喷壶充分喷水。干旱季节,可在播种前充分灌水,待水分渗入土中再播种覆土。雨季应有防雨设施。种子发芽出土时,应撤去覆盖物,以防幼苗徒长。

四、播种和播种后的管理

播种前要细致整好苗床,一般情况下床内不施肥。一二年生花卉播种时通常不用进行种子处理,播种方法常用撒播。覆土厚度,以不见种子为宜,露地播种覆土可稍厚些。为减少水分蒸发,保持床内湿润,播种床上常加盖塑料薄膜或蒲席。一般情况下,播种后不再灌水,但若缺水,亦可用细孔喷壶喷水,但会使床土表层板结,对发芽不利。因此在播种前必须充分灌水。若播种床周围土壤干燥,可一起灌水湿润。幼苗出土后,逐渐去掉覆盖物。幼苗拥挤时,应及时间苗,使空气流通、日照充足。间苗时应选留苗壮的幼苗,去掉弱苗和徒长苗,并拔除混杂其中的其他苗和杂草。当幼苗长至3~4片真叶时,即可进行移植。第一次移植都是裸根移植,边掘苗、边栽植、边浇水,以免幼苗萎蔫。经1~2次移植后,当幼苗充分生长并已开花,即可定植到花坛中。当播种苗长大后,也可不经移植而用攥土球囤苗的方法,即用手将1~2株小苗根系以细土攥成一土球,依次紧紧囤在畦内,喷水保持湿润,这样,不久新根即从土球四周伸出。待小苗新根全部从土球伸出后,即可栽植在畦内,到开花时,再掘苗定植于花坛上。这样处理可抑制小苗徒长,增强活力。

本章小结

本章主要介绍了园艺植物播种育苗技术。园艺植物的播种首先应做好播种地的准备与种子播种前的处理工作,从源头开始选好优质种子,做好催芽、消毒准备,整好播种苗床或地块,创造适宜的播种条件;其次要掌握正确的播种技术,选择适宜的播种时期,确定苗木的播种密度并计算出播种量,采用合适的育苗方式和播种方法,严格掌握播种的各个环节,确保播种的质量;再次要充分认识播后管理的重要性,保证种子及时整齐出苗,注意苗期土、肥、水管理工作,做好移栽、间苗及防病虫害、防寒工作,确保优质壮苗形成。

复习思考

1. 优质播种壮苗对种子质量有哪些要求?
2. 你认为各类园艺作物在本地区播种时期的选择上有哪些不同?
3. 种子的催芽有哪些常用方法?层积处理应如何操作?
4. 为保证健壮幼苗的生产,在播后管理中应采取哪些综合措施?
5. 播种繁殖技术主要应用在哪些园艺作物上?试举例说明。

 考证提示

1. 一二年生草花播种技术。
2. 蔬菜温室播种育苗技术。
3. 果树砧木露地播种技术。
4. 播种量的计算。
5. 层积催芽技术。

第3章 营养繁殖与培育

学习目标

了解营养繁殖的特点,掌握营养繁殖的概念和扦插、嫁接、分生、压条繁殖的方法,熟悉营养繁殖的主要原理及影响因素。掌握扦插、嫁接、分生及压条的操作技术,熟悉营养繁殖苗的管理措施及新技术的应用。

3.1 营养繁殖的特点

3.1.1 营养繁殖的概念

营养繁殖也叫无性繁殖,是用植物营养器官即根、茎、叶一部分来繁殖新植株的方法。它是利用植物细胞的再生能力、分生能力以及与另一株植物嫁接生长的亲和力进行的育苗。再生能力是指植物营养器官(根、茎、叶)的一部分,能够分化形成自己原来所没有的其他部分的能力,如用茎或枝扦插长出新叶和新根,用根扦插长出新枝和新叶,用叶扦插长出新根和新茎。分生能力是指一些植物能够长出专为营养繁殖的一些特殊的变态器官,如球茎、鳞茎、匍匐枝等。

营养繁殖主要有扦插、嫁接、分生、压条和组织培养等方法。目前名优花卉繁殖、果树繁殖普遍采用营养繁殖的方式进行。对于不能正常结籽的花卉,营养繁殖是唯一的繁殖方式。由无性繁殖培育出来的植株称为营养繁殖苗或无性繁殖苗。

3.1.2 营养繁殖的特点

营养繁殖不是通过两性细胞的结合而形成新植株,而是由分生组织直接分裂的体细胞所产生,形成的植株能保持原有母本的遗传特性,从而达到保存和繁殖优良品种的目的,不会像有性繁殖那样出现性状分离。

营养繁殖的幼苗一般生长快,可提早开花结实。因为营养繁殖的新植株,是在母本原有发育阶段的基础上的延续,不像种子繁殖苗那样从个体发育开始。

有些花卉不结实、结实少或不产生有效种子,可通过营养繁殖繁衍后代,从而增加苗量,如水仙、美人蕉、重瓣花的碧桃、豆瓣绿等。

一些花卉、果树种子萌发需要复杂的休眠条件,而且萌发不齐,采用营养繁殖则较容易、简单,既方便,又经济,如月季、银杏、桃、梅等。

一些特殊造型的木本植物,通过嫁接可增加其观赏性,如树形月季、垂枝樱、垂枝梅等。园林中古树名木的复壮,也需促进组织增生或通过嫁接(高接或桥接)来恢复其生长势。

综上所述,营养繁殖在花卉、果树育苗、植物造型和保持母本优良性状等方面有着重要的作用。但营养繁殖也有许多不足之处,新植株没有明显的主根,根系不发达(嫁接苗除外),抵御不良环境的能力差,寿命短。有些植物长期进行营养繁殖,生长势会逐渐减弱或发生退化。

3.2 扦插繁殖

3.2.1 扦插繁殖的概念及特点

扦插繁殖是以植物营养器官的一部分如根、茎、叶等,在一定的条件下插入土、沙或其他基质中,利用植物的再生能力,使这部分营养器官在脱离母体的情况下,长出所缺少的其他部分,成为一个完整的新植株的方法。由扦插繁殖所得的苗木称为扦插苗。用扦插的方法繁殖植物,在国外已大量应用。日本近百年来一直用扦插法繁殖柳杉,德国仅1973年就栽植了100万株挪威云杉扦插苗。意大利发展杨树优良无性系,主要靠扦插育苗,已成功生产了大量木材。果树扦插如葡萄扦插,是国内外的传统技术,花卉的扦插繁殖应用更为广泛。在蔬菜方面,国外也开始利用扦插法,如马铃薯的扦插脱毒法已获得良好的效果。

扦插繁殖主要有枝插、叶插和根插,在生产中以枝插应用最为广泛。

扦插繁殖简便易行,材源充足,成苗迅速,开花时间早,短时间可育成数量较多的较大幼苗,并可保持母本的优良性状,对不结实或结实稀少的名贵花木是一种切实可行的繁殖方式,在观赏植物育苗上广泛采用。但是,扦插繁殖也存在着管理上要求比较精细,对温、湿度要求较高,形成的扦插苗根系较浅,抗风、抗旱、抗寒的能力弱,寿命短等缺点。

3.2.2 扦插生根的生理基础

一、插条生根的类型

1. 皮部生根型(图3-1)

皮部生根是一种易生根的类型。这类植物在正常情况下,在枝条的形成层部位能够形成许多特殊的薄壁细胞群,成为根原始体。这些根原始体就是产生大量不定根的物质基础。根原始体多位于髓射线与形成层的交叉点上,是由于形成层进行细胞分裂而形成的,与细胞分裂相连的髓射线逐渐增粗,穿过木质部通向髓部,从髓细胞中获取养分,向外分化形成圆锥形的根原始体(图3-2)。当枝条已形成根原始体后再截制扦插,在适宜的温度和湿度条件下,经过很短的时间就能从皮孔中萌发出不定根,因此这类植物扦插很易成活,如柳树、木槿、常青藤、南天竹、连翘、西红柿、月季等。

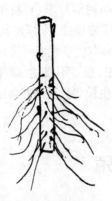
图3-1　皮部生根型

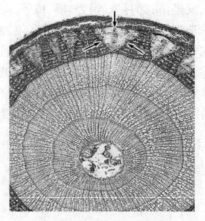
图3-2　不定根的发生部位

2. 愈伤组织生根型(图3-3)

任何植物在局部受伤时,均有恢复生机、保护伤口、形成愈伤组织的能力。植物体的一切组织,只要有活的薄壁细胞就能产生愈伤组织,但以形成层、髓、髓射线等部位的活细胞分裂能力最强。当插条获取后,在下切口的表面形成半透明的、具有明显细胞核的薄壁细胞群,这即为初生的愈伤组织。它一方面保护插条的切口免受外界不良环境的影响,一方面继续分裂、生长、分化,逐渐形成与插条相应组织发生联系的木质部、形成层、韧皮部等组织,充分愈合,并逐渐形成根原基,进而萌发形成不定根。

这类生根型植物生根的条件是先长出愈伤组织,再进行根的分化。与皮部生根型相比,生根时间长,且愈伤组织能否进一步分化形成不定根还要看外界环境因素和激素水平。所以凡是扦插成活较难、生根较慢的植物,其生根大多为愈伤组织生根类型,如茶花、含笑、水杉等。

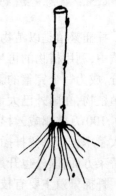
图3-3　愈伤组织生根型

3. 嫩枝插条的生根

嫩枝扦插的枝条,在取条时,插条本身还未形成根原始体,因而形成根系的过程与木质化的插条有所不同。当嫩枝截取后,伤口处流出的细胞液与空气氧化,在伤口外形成一层保护膜,再由保护膜内新细胞形成愈伤组织,并进一步分化形成输导组织和形成层,逐渐分化出生长点并长出不定根。

二、扦插生根的生理基础

扦插繁殖的方法,在我国已有2 000多年的历史,早已在生产实践上被广泛使用,但扦插生根生理基础的研究并不很久。近年来,随着科学技术的发展,研究这一领域的人员逐步增加,研究成果应用于生产实践也都取得了较为理想的效果。

1. 生长素观点

认为植物的生长活动是受专门的生长物质所控制,而植物扦插生根,愈伤组织的形成都是植物本身的生理活动,都是受生长素控制和调节的。幼嫩的叶和芽是生长素合成的主要部位,因此嫩枝扦插较易成活。生产实践也证明,应用人工合成的各种生长素,如萘乙酸(NAA)、吲哚乙酸(IAA)、吲哚丁酸(IBA)处理插条基部,不仅促进了生根,而且根长、根数、根粗,都有明显的增多,生根时间也缩短了,因此,利用激素处理可使枝条形成的根系强大,苗木生长健壮,对扦插育苗有着多、快、好、省的意义。

2. 生长抑制剂观点

认为植物的生长是由生长素控制的,而植物生长的停止如休眠,则是由生长抑制剂来控制的。生长抑制剂是与生长素对立的两种物质,有了生长抑制剂,植物能较好地应付夏天的酷热和冬天的严寒。很多研究实验也证明:在一些植物体内,确实存在较高的生长抑制剂,而且不同的植物种、不同的年龄阶段、不同的采条时间以及枝条的不同部位,抑制物质含量都不同。一般来说,随着母树年龄的增加,体内抑制物质含量增加,因此,老龄枝条扦插难以成活。对于含有生长抑制剂的植物,为提高生根成活率,通常采用流水冲洗、低温处理、黑暗处理等,消除或减少抑制剂的含量。例如,在生产上,用"浸水法"处理板栗、毛白杨的插条,可使生根率大大提高。

3. 生根素观点

这是国外生理生化研究者新近发展的一种观点。他们认为植物体内存在有一种专门控制生根的物质,这种物质促进根原始体的发生。正是这种物质的多少和有无,控制着生根的难易,且发现根原始体的发生和发育需要大量的氧分子,因此,选用透气性好的基质如蛭石、沙、草灰等,创造较好的条件,有利于生根。大量的扦插实验证明,透气性好的土壤,生根率都大大提高。

4. 解剖学观点

从事植物解剖的学者认为,植物插条生根的难易与枝条的解剖构造有关,皮层中如有一层、二层甚至多层纤维细胞构成的环状厚壁组织时,生根就困难,如皮层没有这类环状厚壁组织或不连续时,生根就比较容易。因此,在实践中常采用割破皮层的方法,破坏其环状厚壁组织而促进生根。

5. 营养物质观点

这种观点认为插条的成活与其体内养分,尤其碳素和氮素的含量及其相对比率有一定的关系。一般来说,C、N比值高,也就是说植物体内碳水化合物含量高,相对的氮化合物含量低,对插条不定根的诱导较有利。低氮可以增加生根数,而缺氮会抑制生根。插穗营养充分,不仅可以促进根原基的形成,而且对地上部分增长也有促进作用。实践证明,对插条进行碳水化合物和氮的补充,可促进生根。一般在插穗下切口处用糖液浸泡或在插穗上喷洒氮素如尿素,能提高生根率。但外源补充碳水化合物,易引起切口腐烂。

以上所介绍的观点,并非全部能解释植物生根的各种现象,生根的机理较为复杂,影响生根的因素也很多。因此在具体操作时,应根据具体情况采取相应的措施,提高扦插成活率。

3.2.3 影响插条成活的因素

不同植物其生物学特性不同,扦插成活的情况也不同,有易有难,即使同一种植物由于品种不同,扦插生根的情况也有所不同。这除与植物的遗传特性有关以外,也与插条的选取、温度、湿度、土壤等环境因素有关。

一、影响插条成活的内部因素

1. 植物的遗传特性

植物扦插生根的难易与植物的遗传特性有关,不同的植物遗传特性不同,因此,插条生根的能力有较大的差异。极易生根的有葡萄、木槿、常青藤、南天竹、紫穗槐、连翘、西红柿、月季等;较易生根的植物有毛白杨、枫、茶花、竹子、悬铃木、五加、杜鹃、罗汉柏、樱桃、石榴、无花果、柑橘、夹竹桃、野蔷薇、女贞、绣线菊、金缕梅、珍珠梅、花椒、石楠等;较难生根的植物有君迁子、赤杨、苦楝、臭椿、挪威云杉等;极难生根的植物有核桃、板栗、柿树、马尾松等。同一种植物不同品种的枝插发根难易也不同。例如,葡萄极易生根,但美洲葡萄中的杰西卡和爱地朗发根较难。

2. 插穗的年龄

插穗的年龄包括所采枝条的母树年龄和所采枝条本身的年龄。

插穗的生根能力是随着母树年龄的增长而降低的,在一般情况下母树年龄越大,植物插穗生根就越困难,而母树年龄越小则生根越容易。由于树木新陈代谢作用的强弱,是随着发育阶段变老而减弱的,其生活力和适应性也逐渐降低。相反,幼龄母树的幼嫩枝条,其皮层分生组织的生命活动能力很强,所采下的枝条扦插成活率高。所以,在选条时应采自年幼的母树,特别对许多难以生根的树种,应选用1~2年生实生苗上的枝条,扦插效果最好。例如,湖北省潜江林业研究所,对水杉不同母树年龄一年生枝条的扦插试验,其插穗生根率:1年生为92%,2年生为66%,3年生为61%,4年生为42%,5年生为34%。母树年龄增大,插穗生根率降低。母树随着年龄的增加而插穗生根能力下降的原因,除了生活力衰退外,也与生根所必需的物质减少,而阻碍生根的物质增多有关,如在赤松、黑松、扁柏、落叶松、柳杉等树种扦插中,发现有生根阻碍物质或单宁类物质。随着年龄的增加,母树的营养条件可能变差,特别是在采穗圃中,由于反复采条,地力衰竭,母体的枝条内营养不足,也会影响插穗的生根能力。

插穗的年龄对扦插成活主要有两个方面的影响:一是枝条的再生能力,扦插较困难的植物以一年生枝的再生能力为最强,枝条年龄愈大,再生能力愈弱,生根率愈低;二是枝条的营养状况,营养物质受枝条粗细影响,枝条粗,营养物质较充分,枝条细,营养物质含量少。多数植物以一年生枝条扦插育苗为好,再生能力强,生长快。二年生以上的枝条极少能单独进行扦插育苗,因为本身芽量很少。但有些一年生枝条比较细弱、体内营养物质含量少的,为保证营养物质充足,插穗可以带一部分二三年生的枝条。

3. 枝条的着生部位及发育状况

有些树种树冠上的枝条生根率低,而树根和干基部萌发条的生根率高。因为母树根颈部位的一年生萌蘖条其发育阶段最年幼,再生能力强,又因萌蘖条生长的部位靠近根系,得到了较多的营养物质,具有较高的可塑性,扦插后易于成活。干基萌发枝生根率虽高,但来源少。所以,做插穗的枝条用采穗圃的枝条比较理想,如无采穗圃,可用插条苗、留根苗和插根苗的苗干,其中以留根苗和插根苗的苗干为更好。

针叶树母树主干上的枝条生根力强,侧枝尤其是多次分枝的侧枝生根力弱,若从树冠上采条,则从树冠下部光照较弱的部位采条较好。在生产实践中,有些树种带一部分二年生枝,即采用"踵状扦插法"或"带马蹄扦插法"常可以提高成活率。

硬枝插穗的枝条,必须发育充实、粗壮、充分木质化、无病虫害。

4. 枝条的不同部位

同一枝条的不同部位根原基数量和贮存营养物质的数量不同,其插穗生根率、成活率和苗木生长量都有明显的差异。但具体哪一部位好,还要考虑植物的生根类型、枝条的成熟度等。一般来说,常绿树种中上部枝条较好,这主要是中上部枝条生长健壮,代谢旺盛,营养充足,且中上部新生枝光合作用也强,对生根有利。落叶树种硬枝扦插中下部枝条较好,因中下部枝条发育充实,贮藏养分多,为生根提供了有利因素。若落叶树种嫩枝扦插,则中上部枝条较好,由于幼嫩的枝条,中上部内源生长素含量高,而且细胞分生能力旺盛,对生根有利,如毛白杨嫩枝扦插,梢部最好。

5. 插穗的粗细与长短

插穗的粗细与长短对于成活率、苗木生长有一定的影响。对于绝大多数树种来讲,长插条根原基数量多,贮藏的营养多,有利于插条生根。插穗长短的确定要以树种生根快慢和土壤水分条件为依据,一般落叶树硬枝插穗 10~25 cm;常绿树种 10~35 cm。随着扦插技术的提高,扦插逐渐向短插穗方向发展,有的甚至一芽一叶扦插,如茶树、葡萄采用 3~5 cm 的短枝扦插,效果很好。

对不同粗细的插穗而言,粗插穗所含的营养物质多,对生根有利。插穗的适宜粗细因树种而异,多数针叶树种直径为 0.3~1 cm;阔叶树种直径为 0.5~2 cm。

在生产实践中,应根据需要和可能,采用适当长度和粗细的插穗,合理利用枝条,应掌握"粗枝短截,细枝长留"的原则。

6. 插穗的叶和芽

插穗上的芽是形成茎、干的基础。芽和叶能供给插穗生根所必须的营养物质和生长激素、维生素等,对生根有利。尤其对嫩枝扦插及针叶树种、常绿树种的扦插更为重要。插穗留叶多少要根据具体情况而定,一般留叶 2~4 片。若有喷雾装置,定时保湿,则可留较多的叶片,以便加速生根。

二、影响扦插生根的外界因素

1. 湿度

插条在生根前失水干枯是扦插失败的主要原因之一。因为新根尚未生成,无法顺利供给水分,而插条的枝段和叶片因蒸腾作用而不断失水,因此要尽可能保持较高的空气湿度,以减少插条和插床水分消耗。尤其嫩枝扦插,高湿可减少叶面水分蒸腾,使叶片不致萎蔫。插床湿度要适宜,一般维持土壤最大持水量的 60%~80% 为宜。

利用自动控制的间歇性喷雾装置,可维持空气中高湿度而使叶面保持一层水膜,降低叶面温度。其他如遮阴、塑料薄膜覆盖等方法,也能维持一定的空气湿度。

2. 温度

一般树种扦插时,白天气温达到21℃~25℃,夜间15℃,就能满足生根需要。在土温10℃~12℃条件下可以萌芽,但生根则要求土温18℃~25℃,或略高于平均气温3℃~5℃。如果土温偏低,或气温高于土温,扦插虽能萌芽但不能生根,由于先长枝叶大量消耗营养,反而会抑制根系发生,导致死亡。在我国北方,春季气温高于土温,扦插时要采取措施提高土壤温度,使插条先发根,如用火炕加热或马粪酿热。有条件的还可用电热温床,以提供最适的温度。南方早春土温回升快于气温,要掌握时期抓紧扦插。

3. 光照

光对根系的发生有抑制作用,因此,必须使枝条基部埋于土中避光,才可刺激生根。同时,扦插后适当遮阴,可以减少圃地水分蒸发和插条水分蒸腾,使插条保持水分平衡。但遮阴过度,又会影响土壤温度。嫩枝带叶扦插需要有适当的光照,以利于光合作用制造养分,促进生根,但仍要避免日光直射。

4. 氧气

扦插生根需要氧气。插床中水分、温度、氧气三者是相互依存、相互制约的。土壤中水分多,会引起土壤温度降低,并挤出土壤中的空气,造成缺氧,不利于插条愈合生根,也易导致插条腐烂。插条在形成根原体时需要的氧较少,而生长时需氧较多。一般土壤气体中以含15%以上的氧气且保有适当水分为宜。

5. 生根基质

理想的生根基质要求通水、透气性良好,pH适宜,可提供营养元素,既能保持适当的湿度又能在浇水或大雨后不积水,而且不带有害的细菌和真菌。一般可用素沙、泥炭土或二者混合物以及蛭石等。

沙透气性好,排水佳,易吸热,材料易得,但含水力太弱,必须多次灌水,故常与土壤混合使用。

泥炭土含有大量未腐烂的腐殖质,通常带酸性,质地轻松,有团粒结构,保水力强,但含水量太高,通气差,吸热力也不如沙,故常与沙混合使用。

蛭石呈黄褐色,片状,酸度不大,具韧性,吸水力强,通气良好,保温能力高,是目前一种较好的扦插基质。

基质的选择应随植物种类的不同要求,选择最适基质。有些基质(如蛭石)在反复使用过程中往往破碎,粉末成分增多,不利于透气,须进行更换或将其筛出,并补进新的基质。使用基质时,应注意进行更换,避免使用过的基质中携带病菌造成插穗感染,或采取药物消毒,如0.5%的福尔马林和高锰酸钾等,另外还可用日光消毒、烧蒸消毒等。在露地进行大面积扦插时,大面积更换扦插土,实际上是不大可能的,故通常用排水良好的沙质壤土。

3.2.4 促进生根的方法

一、机械处理

1. 剥皮

对木栓组织比较发达的枝条(如葡萄),或较难发根的木本园艺植物的品种,扦插前可将表皮木栓层剥去(勿伤韧皮部),以促进发根。剥皮后能增加插条皮部吸水能力,幼根也容易长出。

2. 纵伤

用利刀或手锯在插条基部一两节的节间处刻画五六道纵切口,深达木质部,可促进节部和茎部断口周围发根。

3. 环剥

在取插条之前15~20天对母株上准备采用的枝条基部剥去宽1.5 cm左右的一圈树皮,在其环剥口长出愈合组织而又未完全愈合时,即可剪下进行扦插。

二、黄化处理

对不易生根的枝条在其生长初期用黑纸、黑布或黑色塑料薄膜包扎基部,能使叶绿素消失,组织黄化,皮层增厚,薄壁细胞增多,生长素积累,有利于根原体的分化和生根。

三、洗脱处理

洗脱处理一般有温水处理、流水处理、酒精处理等。洗脱处理不仅能降低枝条内抑制物质的含量,同时还能增加枝条内水分的含量。

1. 温水洗脱处理

将插穗下端放入30 ℃~35 ℃的温水中浸泡几小时或更长时间(具体时间因树种而异)。例如,某些针叶枝如松树、落叶松、云杉等浸泡2 h为宜,既可起脱脂作用,又有利于切口愈合与生根。

2. 流水洗脱处理

将插条放入流动的水中,浸泡数小时,具体时间也因植物不同而异。此法对一些易溶解的抑制物质作用较好,浸泡时间多数在24 h以上,也有的可达72 h,甚至更长。

3. 酒精洗脱处理

用酒精处理也可有效降低插穗中的难溶抑制物质,大大提高生根率。一般使用浓度为1%~3%,或者用1%的酒精和1%的乙醚混合液,浸泡时间6 h左右,如杜鹃类。

四、加温催根处理

人为地提高插条下端生根部位的温度,降低上端发芽部位的温度,使插条先发根后发芽。常用的催根方法有阳畦催根和电热温床催根。

1. 阳畦催根

春季露地扦插前1个月,在背风向阳处先建阳畦,阳畦北面搭好风障。畦走向以东西为好,宽度1.4 m,深60 cm左右为宜,畦长依据插条数量而定。阳畦畦底铺湿细沙15~20 cm,然后将插条成捆倒置于其上,再覆细沙、盖膜,利用早春气温上升快、土温较低的特点进行催根。此法催根所需插条长度较长,以保持萌芽和生根部位有一定距离,并维持一定温差。如插条短或葡萄单芽扦插时效果欠佳。插条置于阳畦后,应经常检查温、湿度,畦温高于30 ℃时应喷水降温。一般20天左右即可出现根原始体。待多数插条出现根原始体后,及时扦插。因根原始体很脆嫩,怕风怕晒,应先整好地,随取随插。

2. 电热温床催根

在温室或温床内,地面先铺10 cm厚细沙,上放塑料薄膜,膜上铺细土5 cm,其上铺电热线并设控温仪。在电热线上铺4~5 cm厚河沙,将插条正置其上,间隙塞沙,温度保持在 20 ℃ ~25 ℃。

五、药物处理

应用人工合成的各种植物生长调节剂对插条进行扦插前处理,不仅生根率、生根数和根的粗度、长度都有显著提高,而且苗木生根期缩短,生根整齐。常用的植物生长调节剂有吲哚丁酸(IBA)、吲哚乙酸(IAA)、萘乙酸(NAA)、2,4—D、2,4,5—TP 等,使用方法有涂粉、液剂浸渍等。

1. 涂粉法

以研细的惰性粉末(滑石粉或黏土)为载体,配合量为 500~2 000 mg/kg。使用时,先将插条基部用水蘸湿,再插入粉末中,使插条基部切口粘附粉末即可扦插。

2. 液剂浸渍

配成水溶液(不溶于水的,先用酒精配成原液,再用水稀释),分高浓度(500~1 000 mg/L)和低浓度(5~200 mg/L)两种。低浓度溶液浸泡插条 4~24 h,高浓度溶液快蘸 5~15 s。

此外,ABT 生根粉是多种生长调节剂的混合物,是一种高效、广谱性促根剂,可应用于多种园艺植物扦插促根。1 g 生根粉能处理 3 000~6 000 根插条。可供选用的型号有 1 号、2 号、3 号生根粉。

1 号生根粉用于促进难生根植物插条不定根的诱导,如金茶花、玉兰、苹果、山葡萄、山楂、海棠、枣、梨、李、银杏等。

2 号生根粉用于一般花卉、果树及营林苗木的繁育,如月季、茶花、葡萄、石榴等。

3 号生根粉用于苗木移栽时的根系恢复和提高成活率。

此外,维生素 B_1 和维生素 C 对某些种类的插条生根有促进作用。硼可促进插条生根,与植物生长调节剂合用效果显著,如 IBA 50 mg/L 加硼 10~200 mg/L 处理插条 12 h,生根率可显著提高。2%~5% 蔗糖液及 0.1%~0.5% 高锰酸钾溶液浸泡 12~24 h,亦有促进生根和成活的效果。

3.2.5 扦插的种类

植物扦插繁殖,根据所使用材料的不同,主要分为叶插、茎插和根插。

叶插又分为全叶插、片叶插,茎插又分为芽叶插、嫩枝扦插和硬枝扦插。

```
        ┌ 叶插 ┬ 全叶插
        │      └ 片叶插
扦插 ───┼ 茎插 ┬ 芽叶插
        │      ├ 嫩枝扦插
        │      └ 硬枝扦插
        └ 根插
```

一、叶插

用于能自叶上发生不定芽及不定根的园艺植物种类,以花卉居多,大都具有粗壮的叶柄、叶脉或肥厚的叶片,如球兰、虎兰、千岁兰、象牙兰、大岩桐、秋海棠、落地生根等。叶插须选取发育充实的叶片,在设备良好的繁殖床内进行,维持适宜的温度及湿度,从而得到壮苗。

1. 全叶插

全叶插以完整叶片为插条(图3-4)。全叶插有平置法和直插法两种。平置法,即将去叶柄的叶片平铺沙面上,加针或竹针固定,使叶片下面与沙面密接。落地生根(bryophyllum)的离体叶、叶缘周围的凹处均可发生幼小植株(起源于所谓的叶缘胚)。海棠类则自叶柄基部、叶脉或粗壮叶脉切断处发生幼小植株。直插法是将叶柄插入基质中,叶片直立于沙面上,从叶柄基部发生不定芽及不定根。例如,大岩桐从叶柄基部发生小球茎之后再发生根及芽。非洲紫罗兰、苦苣薹、豆瓣绿、球兰、海角樱草等均可用此法繁殖。

图3-4 全叶插

2. 片叶插

将叶片分切为数块,分别进行扦插,每块叶片上形成不定芽,如蟆叶秋海棠、大岩桐、豆瓣绿、千岁兰等。

二、枝插

1. 硬枝扦插

这是指使用已经木质化的成熟枝条进行的扦插(图3-5)。果树、园林树木常用此法繁殖,如葡萄、石榴、无花果等。硬枝扦插通常分为长条插和短条插两种。长条插是用两个以上的芽进行扦插,短条插是用一个芽的枝段进行扦插,由于枝条较短,故又称为短穗插。

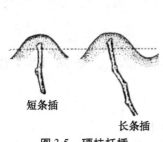

短条插

长条插

图3-5 硬枝扦插

图3-6 嫩枝扦插

2. 嫩枝扦插

嫩枝扦插又称绿枝扦插(图3-6)。以生长季枝梢为插条,通常5~10 cm长,组织以老熟适中为宜(木本类多用半木质化枝梢),过于幼嫩易腐烂,过老则生根缓慢。嫩枝扦插必须保留一部分叶片,若全部去掉叶片则难以生根。叶片较大的种类,为避免水分过度蒸腾可将叶片剪掉一部分。切口位置应靠近节下方,切面光滑。多数植物宜于扦插之前剪取插条,但多浆植物务使切口干燥0.5天至数天后扦插,以防腐烂。无花果、柑橘、花卉中的杜鹃、一品红、虎刺梅、橡皮树等可采用此法繁殖。

3. 芽叶插

芽叶插的插条仅有 1 芽附 1 片叶,芽下部带有盾形叶 1 片,或 1 小段茎(图 3-7),插条插入沙床中,仅露芽尖即可。插后盖上薄膜,防止水分过量蒸发。叶插不易产生不定芽的种类,宜采用此法,如菊花、八仙花、山茶花、橡皮树、桂花、天竺葵、宿根福禄考等。

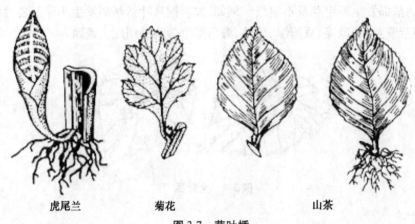

图 3-7　芽叶插

三、根插

根插是利用根上能形成不定芽的能力扦插繁殖苗木的方法,用于枝插不易生根的种类。果树和宿根花卉可采用此法,如枣、柿、山楂、梨、李、苹果等果树、薯草、牛舌草、秋牡丹、肥皂草、毛恋花、剪秋罗、宿根福禄考、芍药、补血草、荷包牡丹、博落回等花卉。一般选取粗 2 mm 以上、长 5~15 cm 的根段进行沙藏,也可在秋季掘起母株,贮藏根系过冬,翌年春季扦插。冬季也可在温床或温室内进行扦插。根抗逆性弱,要特别注意防旱。

3.2.6　扦插技术

一、扦插方法

扦插育苗因植物种类及条件不同,需经过不同的阶段。按方法不同大致有如下几种:

(1) 露地直接扦插。

(2) 催根后露地扦插。

(3) 催根处理后在插床内生根发芽,再移植于露地。

(4) 催根后在插床内生根发芽,经锻炼后再移植于露地。

(5) 催根后在插床内生根发芽,即成苗。

二、插条的贮藏

硬枝插条若不立即扦插,可按 60~70 cm 长剪裁,每 50 或 100 根打捆,并标明品种、采集日期及地点。选地势高燥、排水良好地方挖沟或建窖以湿沙贮藏。短期贮藏置阴凉处湿沙埋藏。

三、扦插时期

不同种类的植物扦插时期不一,一般落叶阔叶树硬枝插在 3 月份,嫩枝插在 6~8 月份,常绿阔叶树多夏季扦插(7~8月份)。常绿针叶树以早春为好,草本类一年四季均可。

四、扦插方式

1. 露地扦插

(1) 畦插：一般畦床宽1 m,长8~10 m,株行距(12~15) cm×(50~60) cm。每公顷插120 000~150 000条,插条斜插于土中,地面留一个芽。

(2) 垄插：垄宽约30 cm,高15 cm,垄距50~60 cm,株距12~15 cm。每公顷插120 000~150 000条。插条全部插于垄内,插后在垄沟内灌水。

2. 全光照弥雾扦插

此法是国外发展最快、应用最为广泛的育苗新技术。方法是采用先进的自动间歇喷雾装置,于植物生长季节在室外带叶嫩枝扦插,使插条的光合作用与生根同时进行,由自己的叶片制造营养,供本身生根和生长需要。此法明显地提高扦插的生根率和成活率,尤其是对难生根的果树效果更为明显。

五、插床基质

易于生根的树种如葡萄等对基质要求不严,一般壤土即可。生根慢的种类及嫩枝扦插,对基质有严格的要求,常用蛭石、珍珠岩、泥炭、河沙、苔藓、林下腐殖土、炉渣灰、火山灰、木炭粉等。用过的基质应在火烧、熏蒸或杀菌剂消毒后再用。

六、插条的剪截

在扦插繁殖中,插条剪截的长短对成活率及生长率有一定的关系。在扦插材料较少时,为节省插条,需寻求扦插插条最适宜的规格。一般来讲,草本插条长7~10 cm,落叶休眠枝长15~20 cm,常绿阔叶树枝长10~15 cm。

插条的切口,上切口应为平面,距最上面一个芽1 cm为宜。如果太短,上部易干枯,影响发芽,太长,切口不易愈合。下切口一般在芽节附近,因该部位薄壁细胞多,易形成愈合组织和生根。形态可剪削成双面斜切或单面马耳朵形,或者平剪(图3-8)。一般易生根和嫩枝为平切,生根均匀,伤口小,可减少腐烂;生根较困难的,采用斜切或双面斜切,可增加切口与土壤的接触面,利于水分和养分的吸收,但易形成偏根。剪口整齐,不带毛刺。还要注意插条的极性,上下勿颠倒。

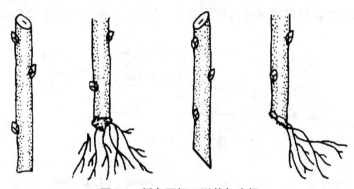

图3-8 插条下切口形状与生根

七、扦插深度与角度

扦插深度要适宜。露地硬枝插过深,地温低,氧气供应不足;过浅,易使插条失水。硬枝春插时上顶芽与地面平,夏插或盐碱地插使顶芽露出地表。干旱地区扦插,插条顶芽与地面平或稍低于地面。嫩枝插时,插条插入基质中 1/3 或 1/2。扦插角度一般为直插,插条长者,可斜插,但角度不宜超过 45°。

扦插时,如果土质松软可将插条直接插入,如土质较硬,可先用木棒按株行距打孔,然后将插条顺孔插入并用土封严实,也可向苗床灌一次透水,使土壤变软后再将插条插入。已经催根的插条,如不定根已露出表皮,不要硬插,需挖穴轻埋,以防伤根。

3.2.7 插后管理

扦插后到插条下部生根,上部发芽、展叶,新生的扦插苗能独立生长时为成活期。此阶段关键是水分管理,尤其绿枝扦插最好有喷雾条件。苗圃地扦插要灌足底水,成活期根据墒情及时补水,浇水后及时中耕松土。插后覆膜是一项有效的保水措施。苗木独立生长后,除继续保证水分外,还要追肥,中耕除草。在苗木进入硬化期,苗干木质化时要停止浇水施肥,以免苗木徒长。

3.2.8 全光照喷雾扦插育苗技术

对许多价值大、难生根的优良花卉品种,采用常规的扦插育苗方法,不仅消耗了大量的人力、物力,而且繁殖速度慢,成活率不高。为提高扦插成活率,降低花卉成本,20 世纪 80 年代,我国很多育苗企业采用全光照喷雾扦插育苗技术,大大提高了育苗苗床的控制面积,产生了很好的育苗效果和经济效益。

一、插床的建立及设备安装

插床应设在地势平坦、通风良好、日照充足、排水方便及靠近水源、电源的地方。按半径 0.6 m、高 40 cm 做成中间高、四周低的圆形插床。在底部每隔 1.5 m 留一排水口,插床中心安装全光照自动间歇喷雾装置。该装置由叶面水分控制仪和对称式双长臂圆周扫描喷雾机械系统组成。插床底下铺 15 cm 的鹅卵石,上铺 25 cm 厚的河沙,扦插前对插床用 0.2% 的高锰酸钾或 0.01% 的溶液多菌灵进行喷洒消毒。如图 3-9 所示为插床设备示意图。

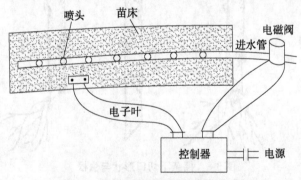

图 3-9 全光照喷雾扦插育苗插床设备

二、全光照喷雾扦插育苗插穗剪切及处理

扦插木本花卉时,采用带有叶片的当年生半木质化的嫩枝做插穗。扦插草本花卉时,采用带有叶片的嫩茎做插穗。剪切插穗时,先将新梢顶端太幼嫩部分剪除,再剪成长8～10 cm的插穗,上部留2个以上的芽,并对插穗上的叶片进行修剪。叶片较大的只需留一片叶或更少,叶片较小的留2～3片叶。注意上切口平,下切口稍斜,每50根一捆。扦插前将插穗浸泡在0.01%～0.125%的多菌灵液中,然后,基部速蘸ABT生根粉进行处理。

扦插时间一般为5月下旬至9月中旬,扦插基质必须疏松通气、排水良好又有一定保湿能力,扦插深度为2～3 cm,扦插密度为6000～7500株/hm^2。扦插完成后,立即喷一次透水,第二天早上或晚上喷洒0.01%的多菌灵溶液,避免感染发病。在此之后,每隔7天喷一次。开始生根时,可喷洒浓度为0.1%磷酸二氢钾,生根后,喷洒浓度为1%的磷酸二氢钾,以促进根系木质化。与此同时还应随时清除苗床上的落叶、枯叶。

采用此项技术育苗,三角梅、茉莉、米兰25～30天后开始生根,生根率达90%以上。橡皮树、芙桑、月季、荷兰海棠15～20天后开始生根,生根率达95%以上。菊花、一串红、万寿菊、金鱼草7～10天生根,生根率达98%以上。

移栽时间宜在晚5:00以后,早10:00以前。阴天全天可移栽。为了提高移栽的成活率,在移栽前停水3～5天炼苗。要随起苗随移栽。移栽后将花盆放在遮阳网下遮阴,7天后浇第二次水,15天以后逐渐移至阳光下进行日常的管理培植。

3.2.9 基质电热温床催根育苗技术

电热温床育苗技术是利用植物生根的温差效应,为创造植物愈伤及生根的最适温度而设计的。利用电加热线增加苗床地温,促进插穗发根,是一种现代化的育苗方法。因其利用电热加温,目标温度可以通过植物生长模拟计算机人工控制,又能保持温度稳定,有利于插穗生根。该技术在观赏树木扦插、林木扦插、果树扦插、蔬菜育苗等方面,都已广泛应用。先在室内或温棚内选一块比较高燥的平地,用砖作沿砌宽1.5 m的苗床,底层铺一层黄沙或珍珠岩。在床的两端和中间,放置7 cm×7 cm的方木条各1根,再在木条上每隔6 cm钉上小铁钉,钉入深度为小铁钉长度的1/2。电加热线即在小铁钉间回绕。电加热线的两端引出温床外,接入育苗控制器中。其后再在电加热线上辅以湿沙或珍珠岩,将插穗基部向下排列在温床中,再在插穗间填铺湿沙(或珍珠岩),以盖没插穗顶部为止。苗床中要插入温度传感探头,探头部要靠近插穗基部,以正确测量发根部位的温度。通电后,电加热线开始发热,当温度升为28 ℃时,育苗控制器即可自动调节进行工作,以使温床的温度稳定在28 ℃左右。

温床每天开启弥雾系统喷水2～3次以增加湿度,使苗床中插穗基部有足够的湿度。苗床过干,插穗皮层干萎,就不会发根;水分过多,会引起皮层腐烂。一般植物插穗在苗床保温催根10～15天左右,插穗基部愈伤组织膨大,根原体露白,生长出1 mm左右长的幼根突起,此时即可移入田间苗圃栽植。过早或过迟移栽,都会影响插穗的成活率。移栽时,苗床要筑成高畦,畦面宽1.3 m,长度不限,可因地形而定。先挖与畦面垂直的扦插沟,深15 cm,沟内浇足底水,插穗以株距10 cm的间隔,将其竖直在沟的一边,然后用细土将插穗用壅土压实,顶芽露在畦面上。栽植后畦面要盖草保温保湿。全部移栽完毕后,畦间浇足一次定根水。

该技术特别适用于冬季落叶的乔灌木枝条,通过枝条处理后打捆或紧密竖插于苗床,调节最适的枝条基部温度,使伤口受损细胞的呼吸作用增强,加快酶促反应,愈伤组织或根原基尽快产生。杨树、水杉、桑树、石榴、桃、李、葡萄、银杏、猕猴桃等植物皆可利用落叶后的光秃硬枝进行催根育苗,且具有占地面积小,密度高的特点(1 m² 可排放插穗 5000~10000 株)。

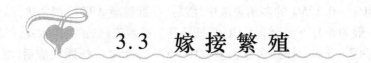

3.3 嫁接繁殖

3.3.1 嫁接繁殖

嫁接繁殖是将一种植物的枝或芽接在另一种植物的茎或根上,使二者结合成为一体,形成一个独立新植株的一种繁殖方法。通过嫁接繁殖所得的植物体称为"嫁接苗",它是一个由两部分组成的共生体。供嫁接用的枝或芽称为"接穗",而承受接穗的带根植物部分称为"砧木"。嫁接苗与其他营养繁殖苗的不同之处在于它利用了另一种植物的根系。用枝茎作接穗的称为"枝接",用芽作接穗的称为"芽接"。嫁接繁殖有如下优点:

1. 克服某些植物不易繁殖的缺点

观赏植物中一些植物品种由于培育目的,而没有种子或极少有种子形成,扦插繁殖困难或扦插后发育不良,用嫁接繁殖可以较好地完成繁殖育苗工作,如花卉中的重瓣品种、果树中的无核葡萄、无核柑橘、柿子等。

2. 保持原品种优良性状

蔬菜、花卉嫁接繁殖中所用的接穗,均来自具有优良品质的母株,遗传性稳定,在提高产量、增加观赏效果上优于种子繁殖的植物。虽然因嫁接后不同程度受到砧木的影响,但基本能保持母本的优良性状。

3. 能提高接穗品种的抗性和适应性

嫁接用的砧木有很多优良特性,进而影响到接穗,使接穗的抗病虫害、抗寒性、抗旱性、耐瘠薄性有所提高。例如,君迁子上嫁接柿子,可提高柿子的抗寒性,苹果嫁接在海棠上可抗棉蚜。再如,酸枣耐干旱、耐贫瘠,用它作砧木嫁接枣,就增加了枣适应贫瘠山地的能力;枫杨耐水湿,嫁接核桃,就扩大了核桃在水湿地上的栽培范围。

4. 提前开花结实

由于接穗嫁接时已处于成熟阶段,砧木根系强大,能提供充足的营养,使其生长旺盛,有助于养分积累。所以嫁接苗比实生苗或扦插苗生长苗壮,提早开花结实。如柑橘实生苗需 10~15 年方能结果,嫁接苗 4~6 年即可结果;苹果实生苗 6~8 年才结果,嫁接苗仅 4~5 年就结果;银杏苗嫁接银杏结果枝,当年就可以结果。在材用树种方面,通过嫁接提高了树木的生活力,生长速度加快,从而使树木提前成材。"青杨接白杨,当年长锄扛"就是指嫁接后树木生长加快,提前成材。

5. 改变植株造型

通过选用砧木,可培育出不同株型的苗木,如利用矮化砧寿星桃嫁接碧桃;利用乔化砧嫁接龙爪柳;利用蔷薇嫁接月季,可以生产出树月季等,使嫁接后的植物具有特殊的观赏效果。

6. 成苗快

由于砧木比较容易获得,而接穗只用一小段枝条或一个芽,因而繁殖期短,可大量出苗。

7. 提高观赏性和促进变异

嫁接还可使一树多种、多头、多花,提高其观赏价值。金叶女贞叶色金黄,嫩叶鲜亮,但植株低矮,只适合做模纹花坛和色块,如将金叶女贞嫁接在大叶女贞上,就可以大大提高主干高度,将其修剪成球形、云片、层状分布,绿化造景中观赏效果更加突出。对于仙人掌类植物,嫁接后,由于砧木和接穗互相影响,接穗的形态比母株更具有观赏性。有些嫁接种类由于遗传物质相互影响,发生了变异,产生了新种。著名的龙凤牡丹,就是绯牡丹嫁接在量天尺上发生的变异品种。

嫁接繁殖也有一定的局限性和不足之处。例如,嫁接繁殖一般限于亲缘关系近的植物,要求砧木和接穗的亲和力强,因而有些植物不能用嫁接方法进行繁殖,单子叶植物由于茎构造上的原因,嫁接较难成活。此外,嫁接苗寿命较短,并且嫁接繁殖在操作技术上也较繁杂,技术要求较高,有的还需要先培养砧木,人力、物力投入较大。

3.3.2 嫁接成活的机理

植物嫁接成活的前提主要决定于砧木和接穗之间的亲和力以及双方形成层细胞的再生能力。当二者嫁接后,形成层的薄壁细胞进行分裂,形成愈合组织,并逐渐分化形成输导组织,当砧木、接穗输导组织互相连通后,使得水分、养分得以输导,能够维持水分平衡时,才能表明嫁接部分结合成一个整体,长成一个新的植株。

在技术措施上,除了根据树种遗传特性考虑亲和力外,嫁接成活的主要关键还在于:接穗砧木之间形成层紧密结合,结合面愈大,接触面平滑,各部分嫁接时对齐、贴紧、捆紧,才愈易成活。

3.3.3 影响嫁接成活的因素

一、砧木与接穗的亲和力

嫁接亲和力即指砧木和接穗经嫁接能愈合并正常生长的能力。具体地讲,指砧木和接穗内部组织结构、遗传和生理特性的相识性,通过嫁接能够成活以及成活后生理上相互适应。嫁接能否成功,亲和力是其最基本的条件。亲和力越强,嫁接愈合性越好,成活率越高,生长发育越正常。

砧、穗不亲和或亲和力低现象的表现形式很多,如:

(1) 愈合不良:嫁接后不能愈合,不成活;或愈合能力差,成活率低。有的虽能愈合但接芽不萌发;或愈合的牢固性很差,萌发后极易断裂。

（2）生长结果不正常：嫁接后虽能生长，但枝叶黄化，叶片小而簇生，生长衰弱，以致枯死。有的早期形成大量花芽，但果实发育不正常，肉质变劣，果实畸形。

（3）砧穗接口上下生长不协调，造成"大脚"、"小脚"或"环缢"现象（图3-10）。

（4）后期不亲和：有些嫁接组合接口愈合良好，能正常生长结果，但经过若干年后表现严重不亲和。如桃嫁接到毛樱桃砧上，进入结果期后不久，即出现叶片黄化，焦梢，枝干甚至整株衰老枯死现象。

亲和力的强弱，取决于砧、穗之间亲缘关系的远近。一般亲缘关系越近，亲和力越强。

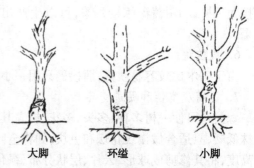

图3-10　嫁接亲和不良的表现

同种或同品种间的亲和力最强，如板栗接板栗、秋子梨接南果梨等。同属不同种间的亲和力，因植物的种类不同而异，有些植物亲和力是很好的，如海棠上接苹果，酸橙上接甜橙，紫玉兰上接白玉兰等。同科不同属间嫁接，亲和力一般较小，但也有嫁接成活的，如枫杨上接核桃，女贞上接桂花等。不同科的植物亲和力很弱，嫁接一般难以成活。

二、形成层的作用

形成层是介于木质部与韧皮部之间再生能力很强的薄壁细胞层。在正常情况下，薄壁细胞层进行细胞分裂，向内形成木质部，向外形成韧皮部，使树木加粗生长，在树木受到创伤后，薄壁细胞层还具有形成愈伤组织，把伤口保护起来的功能。所以，嫁接后，砧木和接穗结合部位各自的形成层薄壁细胞进行分裂，形成愈伤组织充满接合部的空隙，使二者原生质互相联系起来。当二者的愈伤组织结合成一体后，再进一步分化形成新的木质部、韧皮部及输导组织，与砧木、接穗的形成层输导组织相沟通，保证水分、养分的上下沟通，从而恢复嫁接时暂时被破坏的水分、养分的平衡，两个异质部分从此结合为一个整体，形成一个独立的新植株。

愈伤组织的形成与植物种类、砧木、接穗的活力、环境因素及嫁接技术有关，植物生长旺盛期，形成层细胞分裂最活跃，嫁接容易成活。

三、植物代谢物质对愈合的影响

砧木与接穗二者在代谢过程中的代谢产物及某些生理机能的协调程度都对亲和力有重要影响。嫁接苗为共质体，砧木从土壤中吸收水分和矿质营养供给接穗吸收利用，而接穗通过同化作用合成有机养分供给砧木需要。一般说来，双方供给与需求量越接近，其亲和力就愈强；反之，亲和力就愈弱。例如，日本板栗上接中国板栗，虽然其亲缘关系很近，但却表现为不亲和，主要就是由于日本板栗吸收无机养分的量大大超过了中国板栗的需要量，以致使中国板栗难以长期忍耐而死亡。

另外，砧木与接穗在代谢过程中产生单宁、树脂、树胶等抑制物质也是造成难以愈合的原因。如核桃、柿子、板栗、葡萄等植物伤流中单宁较多，切口处易氧化，造成结合面产生隔离层，使愈合组织难以形成，阻碍砧木与接穗双方物质交流和愈合，使嫁接失败。

四、砧木、接穗生理对愈合的影响

季节对一般露地嫁接植物的成活率影响很大，嫁接多在春季、晚夏进行，这时嫁接省力、费用少、成活率高,且不需要特殊保护措施。枝接在春季进行是利用接穗、砧木此时的组织充实,温度、湿度有利于形成层旺盛分裂和愈伤组织的形成。芽接则在晚夏、早秋进行,此时接芽充实饱满。晚夏砧木形成层处于活动旺期,在形成层两侧产生幼年的薄壁细胞,容易使树皮剥离,嫁接成活率高;而早秋形成层活动来源于芽的活动,当芽活动时产生生长素和赤霉素,影响形成层的活动,促成韧皮部与木质部的分离,有利于早秋芽接。早秋在形成层活动高峰需保证土壤水分的供给,否则缺水造成生长受阻,导致细胞停止分裂,砧木不剥皮,芽和接穗难以插入。

五、砧穗的生活力

砧木和接穗的生活力是愈伤组织生长和嫁接成活的基础,只有在砧木、接穗都保持有生活力的情况下,愈伤组织才能在适宜的条件下生长,嫁接才能成活。只要砧、穗双方有一方失去生活力则其他条件再适宜也不能成活。砧木具有根系,除因病虫或其他自然灾害等特殊影响外,生活力都是较强的,切口处都能长出愈伤组织。而接穗则是剪离母株的枝或芽,且在嫁接前经过较长时间的运输和贮藏,其生活力的差异很大。因此,在生产实践中应特别注意接穗的选取和保存,以保证接穗新鲜,具有良好的生活力。

六、外界因素对嫁接成活的影响

1. 温度

温度对愈伤组织形成的快慢和嫁接成活有很大的关系。在适宜的温度下,愈伤组织形成最快且易成活,温度过高或过低,都不适宜愈伤组织的形成。一般以20 ℃~25 ℃为宜。不同植物和嫁接方式对温度的要求有差异,如核桃嫁接后形成愈伤组织的最适温为26 ℃~29 ℃;葡萄室内嫁接的最适温度是24 ℃~27 ℃,超过29 ℃则形成的愈伤组织柔嫩,栽植时易损坏,低于21 ℃愈合组织形成缓慢。

2. 湿度

保持较高的湿度有利于愈伤组织形成,但不要浸入水中。砧木因根系能吸收水分,通常能形成愈伤组织,但接穗是离体的,愈伤组织内薄壁组织嫩弱,不耐干燥,湿度低于饱和点,会使细胞干燥,时间一久,会引起死亡。生产上用接蜡或塑料薄膜保持接穗的水分,有利于组织愈合。

3. 空气

砧木与接穗之间接口处的薄壁细胞增殖,形成愈合,需要有充足的氧气,且愈伤组织生长、代谢作用加强,呼吸作用也明显加大;空气供给不足,代谢作用将受到抑制,愈伤组织不能生长。因此,低接用培土保持水分时,土壤含水量大于25%时就造成空气不足,影响愈伤组织的生长,嫁接难以成活。生产上某些需氧较多的树种,如葡萄硬枝嫁接时,接口宜稀疏地加以绑缚,不需涂蜡。

4. 光线

光线对愈伤组织生长有抑制作用。黑暗的条件下,接口处愈合组织生长多且嫩、颜色白、愈合效果好,光照条件下,愈合组织生长少且硬、色深,易造成砧、穗不易愈合。因此,在生产中,嫁接后创造黑暗条件,采用培土或用不透光的材料包捆,有利于愈合组织的生长,促进嫁接成活。

5. 嫁接技术

要求快、平、准、紧、严，即动作速度快、削面平、形成层对准、包扎捆绑紧、封口要严。

七、影响嫁接成活诸因素的关系

在嫁接实践中，影响嫁接成活的因素是很多的，也很复杂，要求也各有不同。这些因素并不是孤立的单独起作用，而是相互影响的，它们之间的关系是一个对立统一的整体。因此，不仅要了解各种因素对嫁接成活的影响，还要掌握各因素之间的主次关系、变化规律，依不同情况灵活应用，以达到嫁接成活的目的。

在具有亲和力的嫁接组合中，砧木和接穗的生活力是嫁接成活的决定性因素。如砧木、接穗的生活力受到破坏，那么一切技术措施和适宜的环境条件，都不会使嫁接成活。在实践中，这个因素已被人们所重视。

在影响嫁接的各项外因中，温度、湿度、空气、光线及嫁接技术等各方面之间，并不是起着完全等同的、平行的作用。实践证明，湿度是上述诸因素中起决定性作用的因素，它直接影响温度、空气和嫁接技术所起的作用，也影响砧、穗的生活力。

1. 湿度和温度的关系

春季进行枝接时，会受晚霜和寒潮所造成的短期0℃以下的低温危害，但可通过接后的包扎、埋土等措施而防止。春季的低温，使愈伤组织的生长缓慢或不生成愈伤组织，但只要保持好湿度，维持砧木、接穗的生活力，当气温逐渐升高后，仍可愈合而成活，只是所需时间较长。

2. 湿度与空气的关系

湿度过大，造成空气缺乏，使切口薄壁细胞和愈伤组织窒息而死；湿度过低，接穗干死，嫁接必然失败。

3. 湿度与嫁接技术的关系

只要很好地保持适宜的湿度，促进愈伤组织的生长和增多，就可以填满由于嫁接技术的不足而使砧穗间产生的空隙，仍可愈合成活。

4. 湿度与接穗生活力的关系

没有一定的湿度保证，接穗很快干死，丧失了生活力，也就不可能成活了。这也是生产上嫁接失败常见的原因。

由此可见，湿度是影响嫁接成活的外部因素中的主导因素。在生产实践中，无论嫁接什么植物，用什么方法，都必须注意保持适宜的湿度，才能获得较高的成活力。

3.3.4 砧木与接穗的相互影响

一、砧木对接穗的影响

砧木对地上部接穗的生长有较大的影响。有些砧木可使嫁接苗生长旺盛高大，称乔化砧，如海棠、山定子是苹果的乔化砧；棠梨、杜梨是梨的乔化砧。有些砧木使嫁接苗生长势变弱，树体矮小，称矮化砧，如 M_9、M_{26} 等为苹果的矮化砧。砧木对嫁接树进入结果期的早晚、产量高低、质量优劣、成熟迟早及耐贮性等都有一定的影响。一般嫁接在矮化砧上的树比乔化砧上的树结果早、品质好，能提高抗逆性和适应性。目前生产上所用的砧木，多系野生或半野生的种类或类型，具有较强而广泛的适应能力，如抗寒、抗旱、抗涝、耐盐碱、抗病虫等，因此，可以相应地提高地上部接穗的抗逆性。如黑籽南瓜作砧木嫁接黄瓜和西瓜能防治枯萎病、疫病等病害，并耐重茬，还有促进早熟和增产的作用。

二、接穗对砧木的影响

接穗对砧木根系的形态、结构及生理功能等，亦会产生很大的影响。如杜梨嫁接上鸭梨后，其根系分布浅，且易发生根蘖；以短枝型苹果为接穗比以普通型苹果为接穗的 MM_{106} 砧木的根系分布稀疏。

三、中间砧对砧木和接穗的影响

在乔化实生砧(基砧)上嫁接某些矮化砧木(或某些品种)的茎段，然后再嫁接所需要的栽培品种，中间那段砧木称矮化中间砧(或中间砧)。中间砧对地上、地下部都会产生明显的影响。如 M_9、M_{26} 作元帅系苹果中间砧，树体矮小；结果早，产量高，但根系分布浅，固地性差。

3.3.5 砧木的选择及接穗的采集和贮运

一、砧木选择

砧木是形成新植株的基础，其好坏对嫁接苗以后的生长发育、树体大小、花量、结实及品质、产量等具有很大的影响。例如，可使嫁接苗乔化或矮化，变丛生为单干生，变灌木低位开花为小乔木高位开花，变常绿灌木为常绿小乔木，增强繁育品种的抗寒性，增加花色品种等。砧木对嫁接成活关系也有较大影响。因此，嫁接时，选择适宜的砧木是保证嫁接达到理想目的的重要环节。不同类型的砧木对气候、土壤环境条件的适应能力，以及其对接穗的影响都有明显差异。选择砧木需要依据下列条件：

（1）与接穗有良好的亲和力。
（2）对接穗生长、结果有良好的影响，如生长健壮、早结果、丰产、优质、长寿等。
（3）对栽培地区的环境条件适应能力强，如抗寒、抗旱、抗涝、耐盐碱等。
（4）能满足特殊要求，如矮化、乔化、抗病等。
（5）资源丰富，易于大量繁殖。

二、接穗的采集

为保证品种纯正，应从良种母本园或经鉴定的营养繁殖系的成年母树上采集接穗。果树生产上还要求从正在结果的母树上采取。母树应生长健壮，具备丰产、稳产、优质的性状，并无检疫对象(如苹果锈病、花叶病，枣疯病，柑橘的黄龙病、裂皮病、溃疡病等)。接穗本身必须生长健壮充实，芽子饱满。

由于嫁接时期、方法和树种不同，用作接穗的枝条要求也不一样。秋季芽接，用当年生的发育枝；春季枝接，多用1年生的枝条，个别树种如枣树可用1~4年生的枝条作接穗；夏季嫁接，可用贮藏的1年生或多年生枝条，也可用当年生新梢。

三、接穗的贮藏

春季枝芽接用的接穗，可结合冬季修剪工作采集。采下后要立即修整成捆。挂上标签，标明品种、数量，用沟藏法埋于湿沙中贮存起来，温度以 0℃~10℃ 为宜。也可罐藏、井藏或窖藏(图3-11)。少量的接穗可放在冰箱中。近年来一般采用蜡封贮存的方法，其优点是对接穗保湿性好,田间操作简便,只需把接口部分用塑料薄膜绑缚严密即可,接穗部分不用另加措施保湿。实践证明,对硬枝接穗采用蜡封技术,可显著提高嫁接成活率。

生长季进行嫁接(芽接或绿枝接)用的接穗,采下后要立即剪除叶片,保留叶柄,以减少水分蒸发。剪去梢端幼嫩部分,每百枝打捆,挂标签,写明品种与采集日期,用湿草、湿麻袋或湿布包好(外裹塑料薄膜保湿更好),但要注意通气。一般随采随用为好,提前采的或接穗数量多一时用不完的,可悬吊在较深的井内水面上(注意不要沾水),或插在湿沙中。短时间存放的接穗,可以插泡在水盆里。

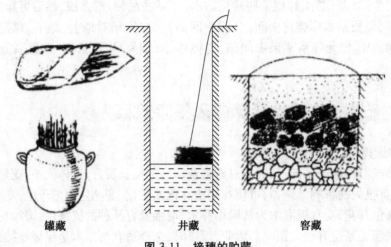

罐藏　　　井藏　　　窖藏

图 3-11　接穗的贮藏

四、运输

异地引种的接穗必须做好贮运工作。蜡封接穗,可直接运输,不必经特殊包装。未蜡封的接穗及芽接、绿枝接的接穗及常绿果树接穗要保湿运输。将接穗用锯木屑或清洁的刨花包埋在铺有塑料薄膜的竹筐或有通气孔的木箱内。接穗量少时可用湿草纸、湿布、湿麻袋包卷,外包塑料薄膜,留通气孔,随身携带。注意勿使受压。运输中应严防日晒、雨淋。夏秋高温期最好能冷藏运输,途中要注意检查湿度和通气状况。接穗运到后,要立即打开检查,安排嫁接和贮藏。

3.3.6　嫁接的时期

一、枝接的时期

枝接一般在早春树液开始流动、芽尚未萌动时为宜。北方落叶树在 3 月下旬至 5 月上旬,南方落叶树在 2~4 月份;常绿树在早春发芽前及每次枝梢老熟后均可进行。北方落叶树在夏季也可用嫩枝进行枝接。

二、芽接的时期

芽接可在春、夏、秋三季进行,但一般以夏秋芽接为主。绝大多数芽接方法都要求砧木和接穗离皮(指木质部与韧皮部易分离),且接穗芽体充实饱满时进行为宜。落叶树在 7~9 月份,常绿树 9~11 月份进行。当砧木和接穗都不离皮时采用嵌芽接法。

3.3.7 嫁接的方法

嫁接按所取材料可分为芽接、枝接、根接三大类,如下所示:

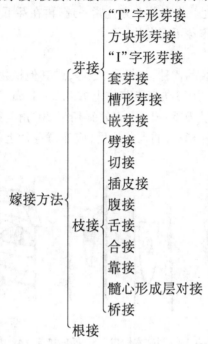

一、芽接

凡以一个芽片作接穗的嫁接方法称芽接。芽接的优点是操作方法简便,嫁接速度快,砧木和接穗的利用率高,1 年生砧木苗即可嫁接,而且容易愈合,接合牢固,成活率高,成苗快,适合于大量繁殖苗木。适宜芽接的时期长,且嫁接当时不剪断砧木,一次接不活,还可进行补接。下面介绍几种主要芽接方法。

1. "T"形芽接

因砧木的切口很像"T"字,故叫"T"字形芽接。又因削取的芽片呈盾形,又称盾形芽接。"T"形芽接是果树育苗上应用广泛的嫁接方法,也是操作简便、速度快和嫁接成活率最高的方法之一。一般芽片长 1.5~2.5 cm,宽 0.8 cm 左右;砧木直径在 0.6~2.5 cm 之间,砧木过粗、树皮增厚反而影响成活。如图 3-12 所示为"T"形芽接的操作方法。

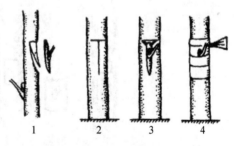

1. 削芽　2. 开砧　3. 装芽片　4. 绑缚

图 3-12　"T"形芽接

(1) 削芽:左手拿接穗,右手拿嫁接刀。选接穗上的饱满芽,先在芽上方 0.5 cm 处横切一刀,切透皮层,横切口长 0.8 cm 左右,再在芽子以下 1~1.2 cm 处向上斜削一刀,由浅入深,深入本质部,并与芽上的横切口相交。然后用右手抠取盾形芽片。

(2)开砧：在砧木距地面 5~6 cm 处，选一光滑无分枝处横切一刀，深度以切断皮层达木质部为宜，再于横切口中间向下竖切一刀，切口长 1.5 cm 左右。

(3)装芽片：用嫁接刀尾部将砧木皮层挑开，把芽片插入"T"形切口内，使芽片的横切口与砧木横切口对齐嵌实。

(4)绑缚：用塑料条捆扎。先在芽上方扎紧一道，再在芽下方捆紧一道，然后连缠三四下，系活扣。注意露出叶柄，露芽不露芽均可。

2. 嵌芽接

对于枝梢具有棱角或沟纹的树种，如板栗、枣等，或其他植物材料砧木和接穗均不离皮时，可用嵌芽接法(图3-13)。用刀在接穗芽的上方 0.8~1 cm 处向下斜切一刀，深入木质部，长约 1.5 cm，然后在芽下方 0.5~0.6 cm 处斜切呈 30°角与第一刀的切口相接，取下倒盾形芽片。砧木的切口比芽片稍长，插入芽片后，应注意芽片上端必须露出一线砧木皮层。最后用塑料条绑紧。

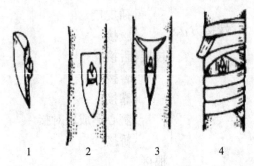

1. 削芽 2. 削砧木切口 3. 插入接芽 4. 绑缚

图 3-13 嵌芽接

3. 方块形芽接

此方法芽片取方块状，芽片与砧木形成层接触面积大，成活率较高，多用于柿树、核桃等较难成活的树种。因其操作较复杂，工效较低，一般树种多不采用。

具体方法如图 3-14 所示。取长方形芽片，再按芽片大小在砧木上切开皮层，嵌入芽片。

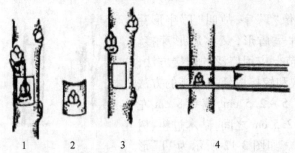

1. 削芽 2. 取下的芽片 3. 砧木切口 4. 双铣刀取芽片

图 3-14 方块形芽接

4. 套芽接

套芽接又称环状芽接。其接触面积大，易于成活。主要用于皮部易于剥离的树种，在春季树液流动后进行。

具体方法如图3-15所示。先从接穗枝条芽的上方1 cm左右处剪断,再从芽下方1 cm左右处用刀环割,深达木质部,然后用手轻轻扭动,使树皮与木质部脱离,抽出管状芽套。再选粗细与芽套相同的砧木,剪去上部,呈条状剥离树皮。随即把芽套套在木质部上,对齐砧木切口,再将砧木上的皮层向上包合,盖住砧木与接芽的接合部。如砧木过粗或过细,可将芽套在背面纵向切开,取同样大小的树皮将接穗芽套在砧木上,用塑料薄膜条绑扎好即可。

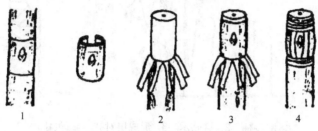

1. 取套装芽片　2. 削砧木树皮　3. 接合　4. 绑扎
图 3-15　套芽接

5. "I"字型芽接

如图3-16所示,取长方形芽片,按芽片长度将砧木切成"I"字型,嵌入芽片。注意嵌入芽片时至少有三面与砧木切口皮层密接,嵌好后用塑料薄膜条绑扎。此方法主要用于其他芽接较难成活的树种。

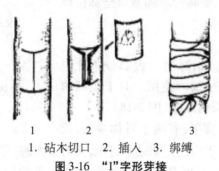

1. 砧木切口　2. 插入　3. 绑缚
图 3-16　"I"字形芽接

二、枝接

把带有数芽或一芽的枝条接到砧木上称枝接。枝接的优点是成活率高,嫁接苗生长快。在砧木较粗、砧穗均不离皮的条件下多用枝接。春季对秋季芽接未成活的砧木进行补接、根接和室内嫁接,也多采用枝接法。枝接的缺点是,操作技术不如芽接容易掌握,而且用的接穗多,对砧木要求有一定的粗度。常见的枝接方法有切接、劈接、插皮接、腹接和舌接等。

1. 切接

此法适用于根径1~2 cm粗的砧木坐地嫁接,是枝接中一种常用的方法(图3-17)。

（1）削接穗：接穗通常长5~8 cm,以具三四个芽为宜。把接穗下部削成两个削面,一长一短,在距下切口最近的芽位对面,用切接刀向内切达木质部(不要超过髓心),随即向下与接穗中轴平行切削到底,切面长2~3 cm,在长面的对面削一马蹄形小斜面,长度在1 cm左右。

（2）砧木处理：在离地面5 cm处剪断砧干。选砧皮厚、光滑、纹理顺的地方,把砧木切面削平,然后用切接刀在木质部的边缘向下直切(在横断面上约为直径的1/5~1/4),深约

2~3 cm 左右，切口宽度与接穗直径相等。

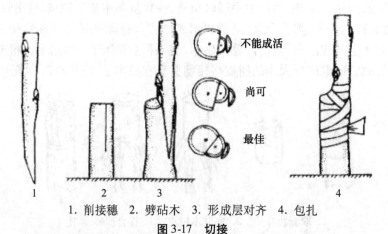

1. 削接穗　2. 劈砧木　3. 形成层对齐　4. 包扎

图 3-17　切接

（3）接合：把接穗长削面向里，插入砧木切口，使接穗与砧木的形成层对准靠齐。如果不能两边都对齐，对齐一边亦可。接穗插入的深度以接穗削面上端露出 0.5 cm 左右为宜，俗称"露白"，有利于成活。

（4）绑缚：用塑料缠紧，要将劈缝和截口全都包严实。注意绑扎时不要碰动接穗。

2. 劈接

这是一种古老的嫁接方法，适用于大部分落叶树种。通常在砧木较粗、接穗较细时使用。对于较细的砧木也可采用，并很适合于果树高接（图 3-18）。

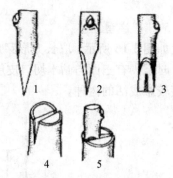

1. 接穗正面　2. 反面　3. 侧面
4. 砧木劈口　5. 插入

图 3-18　劈接

（1）削接穗：接穗削成楔形，有两个对称削面，长 3~5 cm。接穗的外侧应稍厚于内侧。如砧木过粗，夹力太大的，可以内外厚度一致或内侧稍厚，以防夹伤接合面。接穗的削面要求平直光滑，粗糙不平的削面不易紧密结合。削接穗时，应用左手握稳接穗，右手推刀斜切入接穗。推刀用力要均匀，前后一致，推刀的方向要保持与下刀的方向一致。如果用力不均匀，前后用力不一致，会使削面不平滑，而中途方向向上偏会使削面不直。一刀削不平，可再补一两刀，使削面达到要求。

（2）砧木处理：将砧木在嫁接部位剪断或锯断。截口的位置很重要，要使留下的树桩表面光滑，纹理通直，至少在上下 6 cm 内无伤疤，否则劈缝不直，木质部裂向一面。待嫁接部位选好剪断后，用劈刀在砧木中心纵劈一刀，使劈口深 3~4 cm。

（3）接合与绑缚：用劈刀的楔部把砧木劈口撬开，将接穗轻轻地插入砧内，使接穗厚侧面在外，薄侧面在里，然后轻轻撤去劈刀。插时要特别注意使砧木形成层和接穗形成层对准。一般砧木的皮层常较接穗的皮层厚，所以接穗的外表面要比砧木的外表面稍靠里点，这样形成层能互相对齐。也可以木质部为标准，使砧木与接穗木质部表面对齐，形成层也就对上了。插接穗时不要把削面全部插进去，要外露 0.5 cm 左右的削面。这样接穗和砧木的形成层接触面较大，又利于分生组织的形成和愈合。较粗的砧木可以插两个接穗，一边一个。

然后,用塑料条绑紧即可。

3. 舌接

此法常用于葡萄的枝接,一般适宜砧径 1 cm 左右,并且砧穗粗细大体相同的嫁接(图 3-19)。

将接穗下芽背面削成约 3 cm 长的斜面,然后,在削面由下往上 1/3 处,顺着枝条往上劈,劈口长约 1 cm,呈舌状。砧木也削成 3 cm 左右长的斜面,斜面由上向下 1/3 处,顺着砧木往下劈,劈口长约 1 cm,和接穗的斜面部位相对应。把接穗的劈口插入砧木的劈口中,使砧木和接穗的舌状交叉起来,然后对准形成层,向内插紧。如果砧穗粗度不一致,形成层对准一边即可。接合好后,绑缚即可。

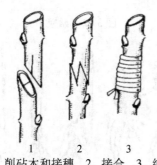

1. 削砧木和接穗 2. 接合 3. 绑缚

图 3-19 舌接

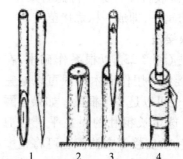

1. 接穗 2. 砧木开口 3. 插入接穗 4. 包扎

图 3-20 插皮接

4. 插皮接

这是枝接中最易掌握、成活率最高、应用也较广泛的一种嫁接方法(图 3-20)。要求在砧木较粗,并易离皮的情况下采用。一般在距地面 5~8 cm 处断砧,削平断面,选平滑顺直处,将砧木皮层垂直切一小口,长度比接穗切面略短。接穗削成长 3.5~4 cm 的斜面,厚 0.3~0.5 cm,背面削成一小斜面或在背面的两侧再各微微削去一刀。接时,将削好的接穗在砧木切口处沿木质部与韧皮部中间插入,长削面朝向木质部,并使接穗背面对准砧木切口正中。接穗插入时注意"留白"。如果砧木较粗或皮层韧性较好,砧木也可不切口,直接将削好的接穗插入皮层即可。最后用塑料薄膜条(宽 1 cm 左右)绑缚。用此法也常在高处嫁接,如龙爪槐的嫁接,可同时接上均匀分布的 3~4 根穗,成活后即可作为新植株的骨架。

5. 腹接

腹接是在砧木腹部进行的枝接(图 3-21),多在生长季进行,常用于针叶树的繁殖上。砧木不去头,或仅剪去顶梢,待成活后再剪去上部枝条。接穗削成偏楔形,长削面长 3 cm 左右,削面要平而渐斜,背面削成长 2.5 cm 左右的短削面。砧木的切削应在适当的高度,选平滑的一面,自上而下深切一刀,切口深达木质部,但切口下端不宜超过髓心,切口长

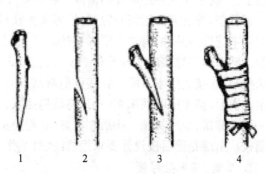

1. 接穗 2. 砧木切口 3. 接合 4、捆扎

图 3-21 腹接

度与接穗长削面相当。将接穗削面朝里插入切口，至少要一边形成层对齐，接后绑缚保湿。

6. 靠接

此法主要用于培育一般嫁接法难以成活的珍贵树种(图3-22)。要求砧木和接穗均为自养植株，且粗度相近。在生长季，将砧木和接穗相邻的光滑部位，各削一长、宽均相等的削面，长3~6 cm，深达木质部，使砧木、接穗的切口密接，双方形成层对齐，用塑料薄膜绑缚严紧。待愈合成活后，将砧木从剪口上方剪去，即成一株嫁接苗。

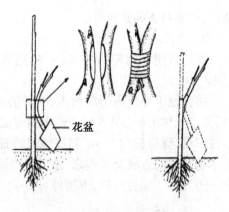

图3-22　靠接

三、根接法

根接法(图3-23)以根系作砧木，在其上嫁接接穗。用作砧木的根可以是完整的根系，也可以是一个根段。如果是露地嫁接，可选生长粗壮的根在平滑处剪断，用劈接、插皮接等方法。也可将粗度0.5 cm以上的根系，截成8~10 cm长的根段，移入室内，在冬闲时用劈接、切接、插皮接、腹接等方法嫁接。若砧根比接穗粗，可把接穗削好插入砧根内，若砧根比接穗细，可把砧根插入接穗。接好绑缚后，用湿沙分层沟藏，待早春植于苗圃。

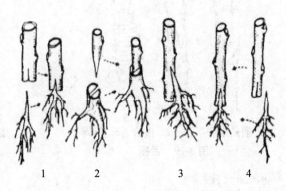

1. 劈接倒接　2. 劈接正接　3. 倒腹接　4. 皮下接

图3-23　根接法

四、草本花木类嫁接

不同的草本植物嫁接方法各不相同。

1. 大立菊嫁接

大立菊是多次高接培育形成的具有观赏价值的一种菊花。一株能开几百朵、几千朵花，群花直径可达2~3.5 m，并可由人工扎结成各种形状，是由几十个菊花的花芽嫁接在茼蒿植物上，并随生长发育逐渐扎结而成。将茼蒿作砧木，在3~4月份从露天移进大花盆中，加强水肥管理，按所需高度摘心定形，培养成主枝粗壮、侧枝繁茂，并符合设计要求的砧木。接穗选用中花型的品种，有利于增加花的数量和大小，品种根据需求可单一种，也可多色品种配置。砧木需要嫁接的部分枝条把顶截去，留5~10 cm，但要注意枝条不宜过老，以免造成枝条空心，嫁接成活率下降。将接穗前端部分叶片剪去，减少水分蒸腾，离顶5~6 cm处向下削成楔形，砧木横断面纵切一刀，将接穗插入，用线扎紧。根据茼蒿的生长，每隔10天，一层一层地嫁接，最后封顶。接后注意遮阴，避免蒸腾，一般7~8天即可成活。及时除去砧木的萌枝。出现花蕾后按设计要求用竹圈、竹竿作支架固定起来。

2. 瓜类、茄果类嫁接

这类植物的植株较嫩，嫁接工具用双面刀片，现多采用劈接和斜切接等方法。嫁接方法如图3-24所示。

劈接：当瓜类苗长出2片子叶，在两片叶中间用刀片切出0.6~1 cm的切口，作砧木的不去子叶，将带2片叶的接穗下部削成楔状插入砧木切口，用绳绑缚，置于遮阴避风潮湿处。7~8天后，接穗子叶新绿，幼芽生长，表明成活。茄果类一般在有5片真叶时进行，砧木提前5~7天播种，砧木保留基部第一片真叶，切断其上部茎，从中纵切深至1~3 cm，接穗于第二片真叶切断并削成楔形，插入砧木切口。10天左右愈合，20天即可移植。

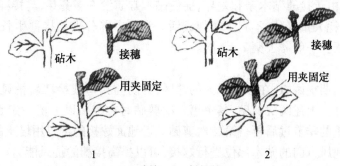

1. 劈接　2. 斜切接

图3-24　草本植物嫁接

斜切接：接穗要比砧木早2~5天播种，播后10~12天接穗第一片真叶展开，砧木子叶完全展开，苗高5~7 cm，将接穗子叶下1 cm处呈15°~20°角向第一片真叶展开方向向上斜切一刀，深及胚轴直径达2/3处，切下砧木生长点，在子叶下方呈20°~30°角向下斜切一刀，深及胚轴直径达2/3处，切口长5~7mm。将接穗砧木切口部分插好，用薄铝片包好，保持高湿。10天成活后，将接穗根切去。切后为防失水需遮阴，培养8~10天即可移植。这种方法嫁接，瓜类接穗较砧木早几天播种，茄类嫁接砧木比接穗早3~5天播种。

3.3.8　嫁接苗的管理

一、检查成活

枝接和根接，在接后20~30天即可检查成活情况。凡接穗上的芽已经萌发生长或仍保持新鲜的即已成活。芽接苗在接后7~15天即可检查成活。接芽上有叶柄的，叶柄用手轻轻一碰即落的，表示已成活。这是因为叶柄产生离层的缘故。若叶柄干枯不落的为未成活。接芽不带叶柄的，则需要解除绑缚物进行检查。若芽体与芽片呈新鲜状态，已产生愈伤组织的，表明已嫁接成活，把绑缚物重新扎好。若在春、夏季嫁接的，由于生长量大，可能接芽已萌动生长，更易鉴别。若芽片已干枯变黑，没有萌动迹象，则表明已经死亡。

二、解除绑缚物

当接穗已反映嫁接成活、愈合已牢固时，就要及时解除绑缚物，以免接穗发育受到抑制，影响其生长。但解除绑缚物的时间也不宜过早，以防因其愈合不牢而自行裂开死亡。在检查枝接、根接成活情况时，将缚扎物放松或解除，嫁接时培土的，将土扒开检查。芽萌动或未萌动，但芽仍新鲜、饱满，切口产生愈合组织，表示成活，将土重新盖上，以防受到暴晒死亡。当接穗新芽长至2~3 cm时，即可全部解除绑缚物。

三、剪砧、抹芽和除蘖

凡嫁接苗已检查成活但在接口上方仍有砧木枝条的(特指枝接中的腹接、靠接和芽接中的大部分),要及时将接口上方砧木的大部分剪去,以利接穗萌芽生长。剪砧可分两次完成,最后剪口紧靠接口部位。春季芽接的,可和枝接一样同时剪砧;秋季芽接的,应在第二年春季萌动前剪砧。

嫁接成活后,由于接穗砧木亲和差异,促使砧木常萌发许多蘖芽,与接穗同时生长,或提前萌生,争夺并消耗大量养分,不利于接穗成活。为集中养分供给接穗生长,要及时抹除砧木上的萌芽和根蘖。一般需去蘖2～3次。

四、立支柱

接穗在生长初期很娇嫩,在春季风大的地区,为防止接口或接穗新梢风折和弯曲,应在新梢生长后立支柱。上述两次剪砧,其中第一次剪砧时在接口以上留一定长度的茎代替支柱的作用。待刮风的季节过后再行第二次剪砧。近地面嫁接的可以用培土的方法代替立支柱。嫁接时选择迎风方向的砧木部位进行嫁接,可以提高接穗的抗风能力。

五、补接

嫁接失败时,应抓紧时间进行补接。如芽接失败的,且嫁接时间已过,树木不能离皮,则于翌年春季用枝接法补接。对枝接未成活的,可将砧木在接口稍下处剪去,在其萌发枝条中选留一个生长健壮的进行培养,待到夏、秋季节,用芽接法补接。

六、田间管理

嫁接苗接后愈合期间,若遇干旱天气,应及时进行灌水。其他抚育管理工作,如病虫害防治、灌水、施肥、松土、除草等同一般育苗。

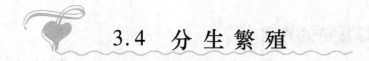

3.4 分生繁殖

分割自母株发生的根蘖、吸芽、走茎、匍匐茎和根茎等,进行栽植形成独立植株的繁殖方法称分生繁殖。分生繁殖又可分为分株和分球两种。前者多用于萌蘖性强的多年生草花和丛生性强的花灌木。后者多用于球茎、鳞茎类的花卉。分生繁殖方法简单,成活率高,成苗快,但产苗量较低。

3.4.1 分株法

不论是分离母本根际的萌蘖,还是将成丛花卉分劈成数丛,分出的植株必须是具根、茎、叶的完整植株。

分株的时间依植物种类而定,一般春季开花者多秋季分株;秋季开花者则多在春季分株。秋季分株应在植物地上部分进入休眠,而根系仍未停止活动时进行;春季分株应在早春土壤解冻后至萌芽前进行。温室花卉的分株可结合进出房和换盆进行。

多数木本观赏植物在分株前需将母株掘起,然后用刀、剪、斧将母株分劈成几丛,并尽可多带根系。对一些萌蘖力很强的灌木和藤本植物,可就地挖取分蘖苗进行移植培养(图3-25)。

(1)灌丛分株:将母株一侧或两侧土挖开,露出根系,将带有一定茎干(一般1~3个)和根系的萌株带根挖出,另行栽植。挖掘时注意不要对母株根系造成大的损伤,以免影响母株的生长发育,减少以后的萌蘖。

(2)根蘖分株:将母株的根蘖挖起,用利斧或利锄将根蘖株带根挖起,另行栽植。

(3)崛起分株:将母株全部带根挖起,用利斧或利刀将植株根部分成有较好根系的几份,每份地上部分均有1~3个茎干,这样有利于幼苗生长。

如图3-25所示为上述三种分株繁殖法的示意图。

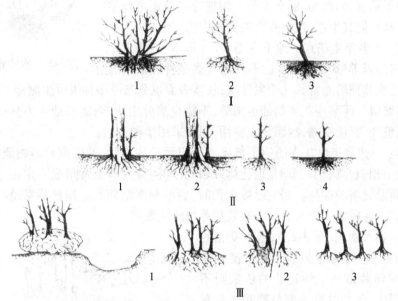

Ⅰ 灌丛分株:1. 切割　2. 分离　3. 栽植
Ⅱ 根蘖分株:1. 长出根蘖　2. 切割　3. 分离　4. 栽植
Ⅲ 崛起分株:1. 挖掘　2. 切割　3. 栽植

图3-25　分株繁殖法

盆栽观赏植物分株时,可先把母株从盆内取出,抖掉部分泥土,顺其萌蘖根系的延伸方向,用刀把分蘖苗和母株分割开,另行栽植。有一些草本花卉常从根茎处产生幼小植株,分株时先挖松附近的盆土,再用刀从与母株连接处切掉另行栽植。分株苗栽植后,要及时浇水,遮阴,以利缓苗和生长。

3.4.2　分球法

分球法是将鳞茎、球茎、块茎、根茎及块根自然分离(图3-26)。

(1)球茎:是地下变态茎,茎短缩肥厚近球状,贮存营养物质。球茎上有节、退化叶片及侧芽。老球茎萌发后在基部形成新球,新球旁常生子球。生产中通常将母球产生的新球及小球分离开另行栽植,如唐菖蒲、慈姑等均可用球茎繁殖。

球茎分离后必须将大球和小球分开、分级,并置于冷凉通风处贮藏,经休眠后分别栽植。

(2) 鳞茎:是变态的地下茎,有短缩而扁盘状的鳞茎盘,肥厚多肉的鳞叶就着生在鳞茎盘上,鳞茎中贮藏丰富的有机物质和水分,借以度过不利的气候条件。鳞茎外面有干皮或膜质皮包被的叫有皮鳞茎,如郁金香、风信子等;无包被的叫无皮鳞茎,如百合。鳞茎之顶芽常抽生真叶和花序。鳞叶之间可发生腋芽,每年可从腋芽中形成一个至数个子鳞茎并从老鳞旁分离开。生产中可栽种子鳞茎,如水仙、郁金香等。为加速繁殖还可创造一定条件分栽鳞叶促其生根,这在百合的繁殖中已广泛应用。

图 3-26　水仙的鳞茎

(3) 块茎:为多年生花卉的地下变态茎,外形不一,多近于块状,贮藏一定的营养物质借以度过不利之气候条件。根系自块茎底部发生,块茎顶端通常具几个发芽点,块茎表面也分布一些芽眼可生侧芽。如马铃薯多用分切块茎繁殖。而某些花卉如仙客来等,不能自然分生块茎,需借助人力分割,而分割的块茎外形不整齐,有碍观瞻,故园艺上少用,而多采用播种方法。

(4) 根茎:一些多年生花卉的地下茎肥大呈粗而长的根状,并贮藏营养物质。根茎与地上茎在结构上相似,具有节、节间、退化鳞叶、顶芽和腋芽。节上常形成不定根,并发生侧芽而分枝,继而形成新的株丛。当它继续生长时,后部则逐渐死亡。用根茎繁殖时,上面应具有 2~3 个芽才易成活。美人蕉、香蒲、紫菀等用此法繁殖。

(5) 块根:如大丽花(图 3-27),地下变态的部分是肥大的根,它们的叶芽都着生在接近地表的根颈上,单纯栽植一个纺锤状的块根则不能萌发新株,因此,分割时每一部分都必须带有根颈部分,分割不便。在繁殖时应将整墩块根栽入土内进行催芽,然后再采脚芽进行扦插繁殖。

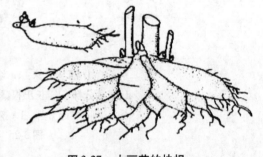

图 3-27　大丽花的块根

分生繁殖依花卉种类的不同,分生方法及时间也不同,有的在生长季节进行,多数在休眠期或球根采收及栽植前进行。

3.5　压条繁殖

压条繁殖是在枝条不与母株分离的情况下,将枝梢部分埋于土中,或包裹在能发根的基质中,促进枝梢生根,然后再与母株分离成独立植株的繁殖方法。这种方法不仅适用于扦插易活的园艺植物,对于扦插难以生根的树种、品种也可采用。因为新植株在生根前,其养分、水分和激素等均可由母株提供,且新梢埋入土中又有黄化作用,故较易生根。其缺点是繁殖系数低。此法果树上应用较多,花卉中仅有一些温室花木类采用高压繁殖。

采用一些方法可以促进压条生根,如刻伤、环剥、绑缚、扭枝、黄化处理、生长调节剂处理等。

压条方法有堆土压条、曲枝压条和空中压条等几种。

3.5.1 堆土压条

堆土压条又称垂直压条或直立压条(图3-28)。此法多用于丛生花木,如绣线菊、金钟花、石榴、李、樱桃、苹果和梨的矮化砧、木槿、玉兰、夹竹桃、樱花等分枝较矮、枝条较硬、不易弯曲的苗木等。可在冬季或早春,将老龄母株于近地面处截断,促使侧枝萌发,让其多发新梢。待新梢长至20 cm左右时,将新梢基部刻伤或环剥,再堆上疏松湿润的土壤,枝条便会在堆土层生根。当年冬季将其与母株分离单独栽培。

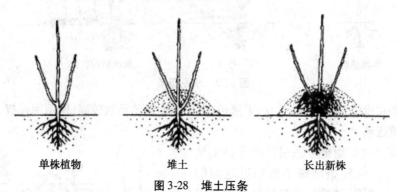

图3-28 堆土压条

现以苹果矮化砧的压条繁殖为例说明如下:

第一年春天,栽矮化砧自根苗,按2 m行距开沟做垄,沟深、宽均为30~40 cm,垄高30~50 cm。定植当年因长势较弱,粗度不足时,可不进行培土压条。

第二年春天,腋芽萌动前或开始萌动时,母株上的枝条留2 cm左右剪截,促使基部发生萌蘖。当新梢长到15~20 cm时,进行第一次培土,培土高度约10 cm,宽约25 cm。培土前要先灌水,并在行间撒施腐熟有机肥和磷肥。培土时对过于密集的萌蘖新梢进行适当分散,使之通风透光,培土后注意保持土堆湿润。约1个月后新梢长到40 cm时第二次培土,培土高约20 cm,宽约40 cm。一般培土后20天左右生根。入冬前即可分株起苗。起苗时先扒开土堆,自每根萌蘖基部、靠近母株处留2 cm短桩剪截,未生根萌蘖梢也同时短截,起苗后盖土。翌年扒开培土,继续进行繁殖。

堆土压条法堆土简单,建圃初期繁殖系数较低,以后随母株年龄的增长,繁殖系数会相应提高。

3.5.2 曲枝压条

葡萄、猕猴桃、醋栗、穗状醋栗、树莓、苹果、梨和樱桃等果树以及西府海棠、丁香等观赏树木,均可采用此法繁殖。可在春季萌芽前进行,也可在生长季节枝条已半木质化时进行。

曲枝方法又分水平压条法、普通压条法和先端压条法。

一、水平压条法

采用水平压条时,母株按行距 1.5 m、株距 30~50 cm 定植。定植时顺行向与沟底呈 45°角倾斜栽植。定植当年即可压条。压条时将枝条呈水平状态压入 5 cm 左右的浅沟,用枝杈固定,上覆浅土。待新梢生长至 15~20 cm 时第一次培土。培土高约 10 cm,宽约 20 cm。1 个月左右后,新梢长到 25~30 cm 时,第二次培土,培土高 15~20 cm,宽约 30 cm。枝条基部未压入土内的芽处于优势地位,应及时抹去强旺萌蘖。至秋季落叶后分株,靠近母株基部的地方,应保留一两株,供来年再次水平压条用(图 3-29)。

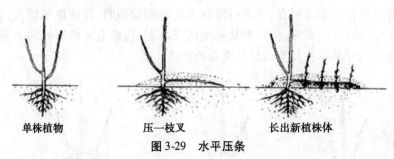

单株植物　　压一枝叉　　长出新植株体

图 3-29　水平压条

水平压条在母株定植当年即可用来繁殖,而且初期繁殖系数较高,但须用枝杈,比较费工。

二、普通压条

有些藤本果树如葡萄可采用普通压条法繁殖(图 3-30)。从供压条母株中选靠近地面的一年生枝条,在其附近挖沟,沟与母株的距离以能将枝条的中下部弯压在沟内为宜,沟的深度与宽度,一般为 15~20 cm。沟挖好以后,将待压枝条的中部弯曲压入沟底,用带有分杈的枝棍将其固定。固定之前先在弯曲处进行环剥,以利生根。环剥宽度以枝蔓粗度的 1/10 左右为宜。枝蔓在中段压入土中后,其顶端要露出沟外,在弯曲部分填土压平,使枝蔓埋入土的部分生根,露在地面的部分则继续生长。秋末冬初将生根枝条与母株剪离,即成一独立植株。

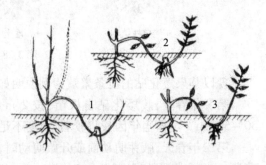

1. 刻伤曲枝　2. 压条　3. 分株

图 3-30　普通压条

三、先端压条法

果树中的黑树莓、紫树莓、花卉中的刺梅、迎春花等,其枝条既能长梢又能在梢基部生根。通常在早春将枝条上部剪截,促发较多新梢,于夏季新梢尖端停止生长时,将先端压入土中。如果压入过早,新梢不能形成顶芽而继续生长;压入太晚则根系生长差。压条生根后,即可在距地面 10 cm 处剪离母体,成为独立的新植株(图 3-31)。

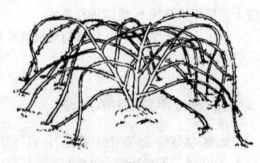

图 3-31　先端压条

3.5.3 空中压条

空中压条通称高压法,因在我国古代,早已用此法繁殖石榴、葡萄、柑橘、荔枝、龙眼、人心果、树菠萝等,所以又叫中国压条法。此法技术简单,成活率高,但对母株损伤较大。

空中压条在整个生长季节都可进行,但以春季和雨季为好。办法是选充实的二三年生枝条,在适宜部位进行环剥,环剥后用5 000 mg/L的吲哚丁酸或萘乙酸涂抹伤口,以利伤口愈合生根,再于环剥处敷以保湿生根基质,用塑料薄膜包紧。两三个月后即可生根。待发根后即可剪离母体而成为一个新的独立的植株(图3-32)。

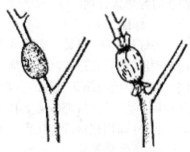

图3-32 空中压条

3.5.4 压条后的管理

压条后,外界环境因素对压条生根成活有很大的影响,应注意保持土壤湿润,适时灌水;保持适宜的土壤通气条件和温度,需及时进行中耕除草;经常检查埋入土中的压条是否露出地面,露出的压条要及时重压埋入土壤。压条留在地面上的部分生长过长时,需及时剪去梢头,有利于营养积累和生根。

分离压条苗的时期,取决于根系生长状况。当被压处生长出大量根系,形成的根群能够与地上枝条部分组成新的植株,能够协调体内水分代谢平衡时,即可分割。较粗的枝条需分2~3次切割,逐渐形成充足的根系后方能全部分离。新分离的植株抗性较弱,需要采取措施保护,适量的灌水、遮阴以保持地上、地下部的水分平衡,冬季采取防寒措施有利压条苗越冬。

压条繁殖在生产上简单易行,且成活率高,用这种方法可以获得一些大苗,因此是经济有效的繁殖方法。但压条繁殖生产的数量受母体的限制,因此,每次难以生产大批量的苗木,且成本较高,生产规模很难扩大。

 案例分析

桃树芽接技术

桃树芽接具有生长快、当年嫁接、次年挂果、3~4年进入挂果盛期的优点。其嫁接技术要点如下:

1. 选择砧木

砧木要选择生长健壮、无病虫害,其茎粗在0.5 cm以上的毛桃树苗。

2. 选好接穗

接穗要选3年生以上的优种桃树头年长出的新枝条,且皮光滑细嫩、生长健壮、无病虫

害、花芽饱满充实,其茎粗与砧木一致。

3. 嫁接时间

一般在3月下旬至4月上旬进行嫁接。但因各地气温不一致,为准确判断嫁接时机,可根据桃树的生长情况来定。当桃树树液大量流动、花蕾正待开放前3~5天、芽苞长出1 cm左右时为嫁接佳期。

4. 嫁接方法

备好塑料带、刀具。选砧木上一饱满芽眼,先用刀在芽眼上、下各1 cm处环割一周,深达木质部,然后在芽苞对面竖割一刀,使所割的皮、芽能连在一起轻轻剥下。环剥时,动作要快、要轻,不能损伤芽苞处的木心,再在接穗上用同样的方法环割一大小完全一致的芽苞,切忌损坏芽苞。这时,把接穗上剥下的芽苞轻轻按原方向对齐紧贴在砧木上,使之接口部位绝对吻合,立即用塑料带包扎牢。同时,将砧木上的芽苞抹去。

5. 接后管理

(1) 嫁接之后将砧木所生萌蘖及芽抹掉,以促使营养集中,接芽旺长,一般每7~10天检查一次。

(2) 待嫁接新芽枝条长到20 cm以后,在砧木上绑一木棍或竹竿,将新梢用活扣捆在支柱上,以防被风吹折。

(3) 待嫁接部位伤口完全愈合后,即可去掉塑料包扎带,以防缢伤。

(4) 嫁接枝条由于生长嫩绿,易遭受害虫侵袭,如食心虫、毛虫、刺蛾等,可用20%速灭杀丁乳油20 g,兑水50 kg喷杀;同时用生石灰1份、硫磺2份、水10份熬成的石硫合剂,均匀地涂抹在砧木上,以防病菌侵入。

(5) 嫁接后的植株由于生长旺盛,需肥量大,要及时追施适量的化肥,以氮肥为主;也可进行叶面喷肥,前期用0.3%的尿素溶液喷施2~3次,后期用1%磷肥过滤浸出液喷施1~2次,追肥后须浇上一次透水。

本章小结

园艺植物的营养繁殖是用营养器官的一部分来培育成完整植株的方法,本章主要介绍了营养繁殖中的扦插、嫁接、分生和压条技术。在扦插技术中,插条的选取、基质的准备、插后的管理是重点,应认真掌握并领会。嫁接技术中接穗和砧木的亲和力及形成层的对接是嫁接成活的关键,选择品质优良的接穗和生长健壮、根系发达的砧木是获得优良嫁接苗的基础,嫁接方法的选择、嫁接技术的熟练是嫁接成功的前提,嫁接后的管理也应及时跟上。分生繁殖是萌蘖性强的花灌木、多年生草花和球根花卉常用的繁殖方法,成活率高,成苗快,但产量低;对于扦插难以成活的果树、花木,可用压条繁殖。

复习思考

1. 什么是营养繁殖?与有性繁殖相比,有何特点?
2. 扦插生根的原理是什么?生根类型有哪些?

3. 影响扦插生根的内外因素有哪些？如何影响？
4. 怎样促进扦插生根？
5. 扦插方法有哪些？各有哪些优缺点？
6. 嫁接繁殖成活的原理是什么？影响嫁接成活的因素有哪些？
7. 如何选择砧木和接穗？
8. 常用的枝接和芽接的方法有哪些？
9. 简述嫁接繁殖的接后管理。
10. 分生育苗如何进行？分生繁殖的方法有哪些？
11. 压条繁殖适用于哪些植物？压条方法有哪些？

 考证提示

1. 嫩枝扦插技术。
2. 硬枝扦插技术。
3. 芽接技术。
4. 枝接技术。
5. 分株繁殖技术。
6. 分球繁殖技术。
7. 地面压条技术。

第4章 穴盘育苗

学习目标

了解穴盘育苗的特点和在种苗生产上的发展趋势,熟悉穴盘育苗对于种子、介质、水、肥的要求,了解穴盘育苗所需的设施要求,掌握穴盘育苗的生产技术和植物保护技术。

4.1 工厂化穴盘种苗的特点及发展

4.1.1 工厂化穴盘种苗的特点

传统育苗的方法是将种子直接撒播或条播在地里,等到种子出苗,长到一定大小后进行移栽。这种方法的缺点是种子发芽率低,大小不整齐,移栽时容易损伤根系,成活率低,且病虫害难以控制,不适合规模化生产。

穴盘育苗是将种子分播在填满基质的穴孔中,发芽后,幼苗在相对独立的穴孔中生长,直到可以移栽。

（1）穴盘种苗的优点有:
① 提高了成苗率和更有效地利用了空间。
② 移植时不易伤根,不窝根。
③ 移植后缓苗期短。
④ 可使植株开花提前、生长整齐。
⑤ 生长期缩短,单位面积产量高。
⑥ 操作简单易行。
⑦ 节约劳动力。
⑧ 幼苗的生长不会因延误移植而太受影响。
⑨ 病害传播的机率低。

(2) 穴盘种苗也存在一些缺点,如:
① 技术含量高,需要有专门的技术人员。
② 投资成本高。
③ 种子质量要求高。

4.1.2 穴盘育苗的发展

20世纪50年代,欧洲人首先发明了用泥块来生产种苗,这是种苗生产上的第一次飞跃。这种方法就是把泥土放在一个很浅的容器内,再压成一块块方形泥块,用来生产蔬菜与切花种苗。20世纪60年代中期,美国Speedling公司的创始人之一George Todd首先发明了泡沫穴盘,并将这种穴盘应用到白花菜的育苗上。随后Blackmore公司发明了硬塑胶材料的穴盘,并大量应用到花卉和蔬菜的育苗中。20世纪80年代以后,随着温室、播种机械、浇水和喷雾设备等不断地发明和改进,以及与之生产相配套的种子处理技术的提高,穴盘种苗管理技术的日益成熟,使得穴盘育苗逐步走上工厂化生产的道路。

据有关资料介绍,1979年,美国的花坛穴盘苗生产量大约为50万株。1994年,北美地区(美国和加拿大)花坛穴盘育苗生产量已超过40亿株。到20世纪90年代末期,北美地区超过90%的花坛种苗均为穴盘苗,每年的穴盘种苗生产已超过250亿株。紧接着日本的穴盘种苗生产开始加大,澳大利亚的花坛大部分开始使用穴盘种苗,以色列的蔬菜生产几乎全部用穴盘苗。之后,穴盘种苗技术也慢慢地传到了韩国、墨西哥、南非和中国等。

20世纪90年代初,我国的一些农业科研单位从日本、韩国引进了穴盘播种操作流水线,逐步开始了工厂化蔬菜穴盘育苗的尝试。1998年底,世界种苗产业的带头人美国Speedling公司来中国投资成立了苏州维生种苗有限公司,开始了真正意义上的工厂化穴盘育苗,为随后的种苗产业的发展起到了巨大的推动作用。目前,穴盘育苗在中国已经相当普及,专门从事种苗生产的公司就有不少,如分布在全国各地的维生种苗、上海源怡、虹越种苗、传化大地、大连世纪等。

4.2 工厂化穴盘苗的生产要素

花卉和蔬菜的最常见的工厂化育苗方法是穴盘育苗。穴盘育苗生产中除了种子和种子发芽或幼苗生长所需的温度、光照、水分、氧气和必要的营养元素外,还需要与传统土壤育苗完全不同的介质和盛载介质所用的穴盘。因此,种子、穴盘、介质、温度、光照、空气、水和肥料便构成了穴盘育苗的生产要素。其中温度、光照和空气,通常可以通过建造固定的温室设施,采用一定的调控方法来达到,所以,本节主要讲述种子、穴盘、介质、水和肥料。目前,工厂化穴盘育苗的品种有花坛用花、茄果类、十字花科、叶菜类、瓜类等。

4.2.1 种子

现代园艺所指的种子是泛指广义的种子,不仅是植物形态学所说的由胚珠受精所形成的种子,还包括植物的果实、根、茎、叶等所能繁殖的器官,而穴盘育苗中所指的通常是真正意义上的种子或果实。种子的种类及品种繁多,生产者需对其进行全面的了解。

一、种子的分类

(1) 按粒径大小分类(以长轴为准),有:

① 大粒种子:粒径在 5.0 mm 以上者,如万寿菊、美人蕉、豆类、瓜类等。

② 中粒种子:粒径在 2.0~5.0 mm,如一串红、紫罗兰、菠菜、萝卜等。

③ 小粒种子:粒径在 1.0~2.0 mm,如三色堇、长春花、鸡冠花、白菜类等。

④ 微粒种子:粒径在 1.0 mm 以下者,如四季海棠、矮牵牛、大岩桐等。

(2) 按种子形态分类,有球形(如紫茉莉、白菜类)、卵形(如金鱼草)、椭圆形(如四季海棠)、肾形(如鸡冠花、茄果类)、披针形(如孔雀草、万寿菊)以及线形、扁平形等。

(3) 按种子的生产方式分类,有常规种和杂交种。目前常用的花坛草本花卉都为杂交一代。

(4) 按种子的处理方式分类,有:

① 未经处理的种子:即指未经过包衣、去尾、丸粒化、脱毛等加工处理的普通种子,如金盏菊、一串红、彩叶草等。

② 包衣种子:对一些很细小的种子,如四季海棠、大岩桐等,由于发芽率受到外界的影响很大(光照、湿度、温度等),通过包衣剂丸粒化后,能大大地提高发芽率和整齐度。

③ 精选种子:指经过清洗、分级、刻划等方法处理的种子,如羽扇豆、鹤望兰等。精选后的种子能有效地提高种子的发芽率。

④ 脱化种子:脱化种子是指经过脱毛、脱翼、去尾等处理的种子,如孔雀草、番茄、花毛茛等。脱化的种子更适用于自动化的针式或滚筒式播种机播种。

⑤ 预发芽种子:指经过预发芽处理的种子,如三色堇。种子发芽过程中的内部生理活动已经开始,但胚根没有突破种皮。这类种子发芽迅速,发芽率高,整齐度好。

二、种子的质量

种子是育苗的基础,优良的种子是提高种苗质量的保证。优良的种子除应具备品种本身的优良特性外,还应具有较高的发芽率和整齐的发芽势,同时应具备较高的纯度和净度且无病虫害。

相对工厂化育苗,种子发芽率和发芽势是两个比较关键的因素,直接关系到种子出发芽室的时间和种苗的整齐度以及移苗的用工量。种子发芽力是指种子在适宜的条件下(实验室可控制的条件下)发芽并长成正常植株的能力,通常用发芽率和发芽势表示。其计算公式如下:

$$发芽率 = \frac{在规定的条件和时间内长成的正常幼苗数}{供试种子数} \times 100\%$$

$$发芽势 = \frac{在规定的条件下发芽高峰期成长的正常幼苗数}{供试种子数} \times 100\%$$

发芽势决定着出苗的整齐程度。发芽势高,出苗整齐,种苗生长一致。种子的生活力因种类及成熟度和贮藏条件而异。一般新采收的种子发芽率及发芽势较高,随着贮藏时间的延长会逐渐降低。

三、种子的寿命和贮藏条件

种子的寿命是指其在一定环境条件下能保持生活力的最长年限。超过这个期限,种子的生活力就丧失,也就失去了萌发的能力。

种子的寿命取决于遗传特性和繁育种子的环境条件、种子的成熟度、收获与贮藏条件。不同的种子,由于种皮及种子化学成分的不同,寿命差别很大。如非洲菊种子的寿命很短,只有6个月左右;莲子的寿命就很长,可长达几千年。常见花卉和蔬菜种子的寿命如表4-1、表4-2所示。

表4-1 常规条件下常见花卉种子的寿命

单位:年

名 称	拉 丁 名	寿 命	名 称	拉 丁 名	寿 命
蓍草	Achillea millefolium	2~3	向日葵	Helianthus annuus	3~4
千年菊	Acrolinium spp.	2~3	麦秆菊	Helichrysum bracteatum	2~3
藿香蓟	Ageratum conyzoides	2~3	凤仙花	Impatiens balsamina	5~8
蜀葵	Althaea rosea	3~4	牵牛	Ipomoea nil	3
香雪球	Alyssum maritimum	3	鸢尾	Iris tectorum	2
雁来红	Amaranthus tricolor	4~5	地肤	Kochia scoparia	2
金鱼草	Antirrhinum majus	3~4	五色梅	Lantana camara	1
耧斗菜	Aquilegia valgaris	2	香豌豆	Lathyrus odoratus	2
南芥菜	Arabis alaschanica	2~3	薰衣草	Lavendula vera	2
蚤缀	Arenaria serpyllifolia	2~3	蛇鞭菊	Liatris spicata	2
四季海棠	Begonia fibrousrooted	2~3	百合	Lilium browinii	2
雏菊	Bellis perennis	2~3	补血草	Limonium aureum	2~3
羽叶甘蓝	Brassica oleracea	2	六倍利	Lobelia chinensis	4
蒲包花	Calceolaria herbeohybrida	2~3	羽扇豆	Lupinus micranthus	4~5
金盏菊	Calendula officinalis	3~4	剪秋箩	Lychnis senno	3~4
翠菊	Callistephus chinensis	2	千屈菜	Lythrum salicaria	2
风铃草	Campanula medium	3	紫罗兰	Matthiola incana	4
长春花	Catharanthus roseus	2	猴面花	Mimulus luteus	2
美人蕉	Canna indica	3~4	勿忘我	Myosotis sylvatica	2~3
鸡冠花	Celosia cristata	3~4	龙面花	Nemesia strumosa	2~3
矢车菊	Centaurea cyanus	2~3	花烟草	Nicotiana alata	4~5
桂竹香	Cheiranthus cheiri	5	虞美人	Papaver rhoeas	3~5
瓜叶菊	Senecio cruentus	3~4	吊钟柳	Penstemon barbatus	3~5
醉蝶花	Cleome spinosa	2~3	矮牵牛	Petunia hybrida	3~5
波斯菊	Cosmos bipinnatus	3~4	福禄考	Phlox drummondii	1
蛇目菊	Coreopsis tinctoria	3~4	桔梗	Platycodon grandiforus	2~3
大丽花	Ddhlia pinnata	5	半支莲	Portulaca grandiflora	3~4
飞燕草	Delphinium ajacis	1	报春花	Primula malacoides	2~5
石竹	Dianthus chinensis	3~5	茑萝	Quamoclit pennata	4~5
毛地黄	Digitalis purpurea	2~3	一串红	Salvia splendens	1~4
花菱草	Eschscholzia california	2	万寿菊	Tagetes erecta	4
天人菊	Gaillardia purchella	2	金莲花	Tropaeolum majus	3~5
非洲菊	Gerbera jamesonii	1	美女樱	Verbena hybrida	2
满天星	Gypsophila elegans	5	三色堇	Viola tricolor	2
千日红	Gomphrena globosa	3~5	百日草	Zinnia elegans	3

表4-2 一般贮藏条件下蔬菜种子的寿命和使用年限

单位：年

名称	拉丁名	寿命	使用年限	名称	拉丁名	寿命	使用年限
洋葱	Allium cepa	2	1	辣椒	Capsicum frutescens	4	2~3
大葱	Allium fistulosum Var. giganteum	1~2	1	西瓜	Citrullus vulgaris	5	2~3
				南瓜	Cucubita moschata	4~5	2~3
韭菜	Allium tuberosum	2	1	甜瓜	Cucumis melo	5	2~3
芹菜	Apium graveolens	6	2~3	黄瓜	Cucumis sativus	5	2~3
冬瓜	Benincasa hispida	4	1~2	胡萝卜	Daucus carota	5~6	2~3
大白菜	Brassica campestris ssp. pekinensis	4~5	1~2	扁豆	Dolichos lablab	3	2
				莴苣	Lactuca sativa	5	2~3
芜菁	Brassica campestris Var. rapifera	3~4	1~2	瓠瓜	Lagenaria vulgaris	2	1~2
				番茄	Lycoperisicon esculentum	4	2~3
芥菜	Brassica juncea	4~5	2	丝瓜	Luffa cylindrica	5	2~3
根用芥菜	Brassica juncea Var. napiformis	4	1~2	菜豆	Phaseolus limensis	3	1~2
				萝卜	Raphanus sativus	5	1~2
结球甘蓝	Brassica oleracea	5	1~2	茄子	Solanum melongena	5	2~3
花椰菜	Brassica oleracea Var. botrytis	5	1~2	菠菜	Spinacia oleracea	5~6	1~2
				蚕豆	Vicra faba	3	2
球茎甘蓝	Brassica oleracea Var. caulorapa	5	1~2	豇豆	Vigna sinensis	5	1~2

种子的贮藏与种子的含水量、环境湿度、贮藏温度以及气体密切相关。种子的含水量一般保持在8%~10%比较合适。含水量达到12%以上，真菌开始活动；含水量达到18%以上，种子就会发热；含水量达到40%以上，种子就会发芽。环境湿度大时，种子吸收空气中的水分，呼吸作用加快并消耗自身营养，容易发热生霉，丧失生命力。适宜的贮藏湿度为35%~40%。在水分得到控制的情况下，贮藏温度越低，绝大多数的种子的寿命就越长。比较适宜的贮藏温度为5℃~10℃。种子是活的有机体，维持生命需要有适量的氧气供其呼吸，但如果处在不合适的环境（如高温高湿）中，氧气的存在会促进种子的呼吸而加速物质的氧化分解，不利于种子的贮藏。因此，种子长期贮藏的适宜条件是：低温低湿、密闭包装。实际贮藏时可以把华氏温度和湿度之和控制在100以内来掌握。

穴盘育苗种子一般应选用专业园艺生产用种，且应认真选择供应商。目前已被公认为优秀的花卉制种公司有美国的Goldsmith、PanAmerican、Bodger，德国的Bebary，日本的Sakata、Takii，荷兰的Novartis，英国的Colegrave、Floranova，丹麦的Daehnfeldt等。国内品质管理较专业的种子公司有"广州高华"、"北京科美"、"浙江虹越"、"广州三力"等。国内蔬菜育种技术已比较成熟，国内较好的专业繁育和经营蔬菜种子的单位有"中国种子公司"、"中国农业科学院蔬菜花卉研究所"、"天津市蔬菜研究所"、"北京京研"、"合肥绿丰"、"农友种苗"等。

4.2.2 穴盘

穴盘根据制造的材料分为聚苯泡沫穴盘(EPS 盘)和塑料穴盘(VFT 盘)。聚苯泡沫穴盘的尺寸通常为 67.8 cm×34.5 cm,常用的规格有 128 穴和 200 穴,颜色为白色,大多用于蔬菜育苗。塑料穴盘的尺寸通常为 54 cm×28 cm,常用的规格有 288 穴、200 穴、128 穴、72 穴等,颜色为黑色,大多用于花卉育苗。穴孔多为倒金字塔形,上开口或圆或方,圆形的有利于后期脱盘移栽。较好的塑料穴盘孔穴间应有通气孔,能够降低穴盘表面的湿度,增大苗株间的通气量,减少病害的发生。

4.2.3 介质

介质是指用于支撑植物生长的一种或几种材料的混合物。传统农业是以土壤为栽培介质,现代园艺和工厂化穴盘育苗使用的大多是无土介质。无土介质大都无毒、重量轻、质量均衡、通气透水良好、价格便宜,且易干燥操作及标准化应用。介质本身,一般不含或极少含有养分。可被作为介质的物质很多,如泥炭、细沙、蛭石、珍珠岩、椰糠、锯木屑、秸秆、谷壳、碎树皮、树叶等。常用无土介质的有:草炭、蛭石、珍珠岩等。

一、介质的作用

(1) 支撑植物:固体介质能保证植物在生长时不会陈埋和倾倒。

(2) 保持水分:好的介质吸持水分能力强,能够保证在灌溉间隙期间不致使植物失水而受害。

(3) 透气:介质的空隙存在氧气,可以供给植物根系呼吸作用所需要的氧气。

(4) 缓冲作用:良好的介质有一定的缓冲作用,可以使植物具有稳定的生长环境,即当外来物质或植物本身的新陈代谢过程产生一些有害物质危害根系时,缓冲作用会将这些危害消除。

二、基质的物理特性

对植物栽培影响较大的物理特性主要有容重、总孔隙度、持水量、大小空隙以及颗粒大小等。

(1) 容重:指单位体积介质的质量,反映介质的疏松、紧实程度。容重过大,则介质过于紧实,透水、透气性相对较差,不利于植物根系的生长。容重过小,则介质过于疏松,透气性相对较好,有利于根系的生长,但不易固定植株,且水分管理很困难。

(2) 总孔隙度:指介质中持水空隙和透气空隙的总和,以相当于介质体积的百分数来表示。总空隙度大的基质,它的空气和水分的容量就比较大,质量轻,疏松透气,有利于植物根系的生长。例如,蛭石的总空隙度为 90%~95% 以上。总孔隙度较小的介质比较重,水性差,因此,为了克服单一介质总孔隙度过大或过小的弊病,生产中常将几种介质混合起来使用。

(3) 大小孔隙比:大孔隙是指介质中空气所能占据的空间,即通气孔隙或称自由孔隙;小孔隙是指介质中水分所能占据的空间,即持水孔隙,通气孔隙和持水孔隙之比即为大小孔隙比。大小孔隙比能够反映出介质中水、气之间的状况。如果大小孔隙比大,则空气容量大,而持水量小,最理想的比是1∶1。

(4) 颗粒大小:同一种介质如果颗粒太大,虽然透气性好,但相对持水力就较差,会增加浇水的频率;反之,颗粒太小,持水力增强,但透气性就会降低,根系生长不良。

三、介质的化学特性

(1) 稳定性:指介质发生化学反应的难易程度。

(2) 酸碱性:大多数植物喜欢微酸性的生长介质,介质过酸或者过碱都会影响植物营养的均衡及稳定。

(3) 阳离子代换量:介质的阳离子代换量以100 g介质代换吸收阳离子的毫摩尔数来表示。有些介质中阳离子代换量很低,有些却很高,会对介质中的营养液产生很大的影响。

(4) 缓冲作用:介质的缓冲作用是指介质在加入酸碱物质后,介质本身具有的缓和酸碱变化的能力。总的来说,植物性介质都有缓冲能力,但大多数矿物性介质缓冲能力都很弱。

(5) 电导率(EC值):介质的电导率反映介质中原来带有的可溶性盐的多少,直接影响营养液的平衡。EC值低,便于在使用过程中调配,不会对植物造成伤害。

四、介质的分类

介质的分类没有统一的标准,分类方法较多,常见的主要有以下几种:

按介质的组成成分可分为有机介质和无机介质两类。例如,沙、岩棉、蛭石和珍珠岩等都是无机物质,称为无机介质。而树皮、泥炭、蔗渣、椰壳是由有机残体组成的,称有机介质。

按介质的性质可分为惰性介质和活性介质两类。惰性介质是指本身不能提供养分,仅起支持作用,如沙、岩棉、石砾等。活性介质是指介质本身可以为植物提供一定的营养成分或具有阳离子代换量,如泥炭、蛭石等。

按介质使用时组分不同可分为单一介质和混合介质。单一介质是指以一种介质为生长介质的,如沙。混合介质是指有两种或两种以上的介质按一定的比例混合制成的介质。生产商为了克服单一介质可能造成的容量过轻、过重、通气不良或持水不够等弊病,常将几种介质混合,形成混合介质使用。

五、种苗生产上常用的介质种类

1. 泥炭

泥炭是一种特殊的半分解的水生或沼泽植物,世界各地都有分布。因形成泥炭的植物、分解程度、化学物质含量及酸化程度的不同,其物理、化学性质相差很大。根据形成植物的不同,一般可分为两类:一类是草炭,另一类是泥炭藓。形成草炭的植物为莎草或芦苇。由于莎草和芦苇都是较高等的维管植物,一旦死亡,维管束便失去吸水能力,通气量便明显下降,加上原生环境下草炭的pH在5.5左右,病菌易生长。虽可以用作穴盘种苗生产,但很多方面不能满足穴盘种苗生产的要求,其各项指标与种苗生产介质的要求相差甚远。我国东北的泥炭即为这类。

形成加拿大泥炭的植物是泥炭藓植物,是属于较原始的苔藓植物,其底部死亡形成泥炭的同时,植株的顶部还在继续生长。因此,泥炭藓是由死细胞和活细胞组成,活细胞部分含有叶绿素和不含叶绿素的空腔细胞两种。空腔细胞含有水和空气,活体细胞连成网状,环围着泥炭藓细胞。泥炭藓的园艺价值主要是由于泥炭藓细胞独特的特征而产生的。泥炭藓中具有空腔的薄壁细胞具有吸收和传输水分的功能。泥炭藓还有一个重要的特征是,它具有木质化的细胞壁,呈环状、螺旋状,这使得干燥后空腔细胞被空气充满的形状结构坍塌,而且非常坚固。因此,植物生长在苔藓泥炭中,只要保持泥炭水分合适,就能提供植物生长所需的理想的湿度和空气含量。泥炭藓细胞有水孔,通过水孔,水可以进入细胞,并从那儿被输送到植株的各个部分。这一特征进一步增强了泥炭藓的持水性。加拿大的泥炭藓即我们通常所说的泥炭,是一种目前可以获得的、理想的栽培介质材料。

2. 蛭石

蛭石是一种叶片状的矿物,外表类似云母,是由蛭石精矿经膨胀加工而形成的。膨胀加工是在垂直或半垂直的旋转炉中,将原蛭石精矿处于1 100 ℃高温中,内部的水分在该温度下被迅速蒸发,使原蛭石精矿膨胀8～20倍。膨胀蛭石具有较好的物理特性,包括防火性、绝热性、附着性、抗烈性、抗碎性、抗震性、无菌性及对液体的吸附性。一般情况下,用于园艺的是较粗的膨胀蛭石,因其通气性和保水性均优于细的蛭石。目前,市场上供应的园艺蛭石根据片径大小分级销售。种苗生产用的蛭石片径最好在3～5 mm。蛭石不耐压力,特别是在高温的时候,因施压会把其有孔的物理性能破坏,生产中通常是按一定比例混入泥炭中使用。

3. 珍珠岩

珍珠岩是火山岩浆的矽化合物,把矿石用机械法打碎并筛选,再放入火炉内加热到1 400 ℃,在这种温度下原来有的一点水分变成了蒸汽,矿石变成多孔的小颗粒,比蛭石要轻得多,颜色为白色。珍珠岩较轻,容重为100 kg/m^3,通气良好,无营养成分,质地均一,不分解,无化学缓冲能力,阳离子代换量较低,pH在7～7.5之间,对化学和蒸汽消毒都很稳定。珍珠岩内含有钠、铝和少量的可溶性氟,可能会伤害某些植物。因其在高温下形成,同蛭石一样,它没有任何病菌。一般2～4 mm的珍珠岩适合在园艺生产和种苗生产上使用。但由于珍珠岩容重过轻,浇水后常会浮于介质表面,造成介质分层,以致于上部过干、下部过湿,如介质中珍珠岩比例过大,会使植株根系生长环境过于疏松,植株根系不能与介质紧密贴合导致植株偏软,使成品苗换盆成活率下降。

六、育苗介质的要求

用于工厂化育苗的介质需达到以下要求:

(1) 具备良好的透气性和排水性,具有较强的持水力。

(2) EC值低,且有足够的阳离子交换能力,能够持续提供植物生长所需的各种元素。

(3) 材料选择标准一致,不含有毒物质和无病菌、害虫及杂草种子等。

(4) 尽可能达到或接近理想基质的固、气、液相标准。比较理想的是含有50%的固形物、25%的空气和25%的水分。

4.2.4 水

在穴盘育苗的生产中,水是最重要的因素,因此,在生产之前必须对水质有详细的了解。水质差会造成的影响有:

(1) 破坏介质结构,阻碍介质的透气性和透水性。

（2）对叶和根系产生直接的危害。
（3）导致某种元素的中毒症（如高锌、高铁）和缺素症（如低钙、低镁）。
（4）改变介质的pH，降低对肥料的吸收能力，从而造成轻度或重度的营养缺乏症。
（5）招致和传播真菌和细菌病害。
（6）导致植株发育不良，植株萎黄等。

因此，在穴盘育苗中，每年至少需要作2~3次对水源水质变化的检测。水质检测主要分为四类：pH和碱度、可溶性盐、钠吸收率、水中营养成分。总体水质要求清洁卫生、无污染、低硬度、低盐分、少杂质、少微生物。大型的生产温室都有一套水处理设备。水经过滤装置，滤去水里的杂质、泥砂和微生物，经过反渗透装置降低水中的盐分和过量金属离子，再经过调酸装置降低pH，降低硬度，然后才被使用。如果使用自来水，应该在池中放置一两天，待水中的氯气挥发尽以后再使用。

一、水质标准

工厂化育苗的水质标准如表4-3所示。

表4-3 穴盘苗生产水质标准

指标项目	标准值
pH	5.5~6.5
碱度	60~80 ppm(mg/L)CaCO$_3$
EC	<0.8 mmhos/cm
钠离子吸收率	<2
硝酸根	<5 ppm(mg/L)
磷	<5 ppm(mg/L)
钾	<10 ppm(mg/L)
钙	40~120 ppm(mg/L)
镁	6~25 ppm(mg/L)
钠	<40 ppm(mg/L)
氯	<80 ppm(mg/L)
硫酸根	24~240 ppm(mg/L)
硼	<0.5 ppm(mg/L)
氟	<1 ppm(mg/L)
铁	<5 ppm(mg/L)
锰	<2 ppm(mg/L)
锌	<5 ppm(mg/L)
铜	<0.2 ppm(mg/L)
钼	<0.02 ppm(mg/L)

注：① 碱度是由溶解在水中的碳酸氢盐（HCO_3^-）、碳酸盐（CO_3^{2-}）和氢氧化物（OH^-）的总量决定的，可定义为水中和酸性物质的能力，用每千克水中所含CO_3^{2-}的毫克数来表示。

② 钠离子吸收率 $= \dfrac{C_{Na^+}}{\sqrt{C_{Ca^{2+}} + \dfrac{C_{Mg^{2+}}}{2}}}$。

二、水质的调整

1. 使用化肥调节法

水的碱度稍高(100～200 mg/kg),可用增施酸性肥料的方法加以调整。通常,园艺上所用的酸性肥料包括 21-7-7、20-20-20、20-10-20 等配方的水溶性肥料。酸性肥料的使用要与穴盘苗的生长控制和植株的类型保持平衡。

2. 注酸法

高碱度的水需加注无机酸,使水的碱度降至 60～80 mg/kg 之间。酸的种类有硫酸、磷酸、硝酸、柠檬酸、草酸等。无机酸酸性强,中和能力强,用量少。有机酸对植物无毒害,但因酸性弱,成本高,易生藻类而较少使用。

注酸时应注意以下几点:

(1) 磷酸不超过 109 mL/1 000 L 的水,否则会束缚铁离子;硫酸不超过 109 mL/1 000 L 水,否则会束缚钙离子;

(2) 所有的酸都具有极强的腐蚀性,尤其是硫酸和硝酸,因此,操作时要使用 PVC 塑料管道和装配件,以防腐蚀;

(3) 加酸和施肥同时操作时,一定要先加酸再施肥,切勿把两种浓缩液混合到一起;

(4) 在加酸后,要在水管出口处抽样检测水的碱度和 pH,确保酸碱度在正常范围内。因为磷酸中含有磷,硝酸中含有氮,所以在计算施肥量时,要把它们算在内。

用磷酸和硫酸中和水中碱度的用量如表 4-4 所示。

表 4-4 用磷酸和硫酸中和水中碱度的用量表

水的碱度(毫摩尔碳酸盐/L 水)	酸的毫升数/1 000 L 水	
	93% 硫酸	85% 磷酸
0.5	13.67	27.34
1.0	27.34	54.68
1.5	41.01	82.03
2.0	54.68	109.37
2.5	68.36	136.71
3.0	82.03	164.05
3.5	95.7	—
4.0	109.37	—
4.5	123.04	—
5.0	136.71	—

3. 更换水源法

如果水质很差,可通过更换水源的方法,如城市用水、池塘水、雨水或附近的其他水井。如果使用的井水碱度、可溶性盐、硼、钠或氯化物都过高,就应对其他合适的水源进行检测,找出合适的替代水源。

另外,也可通过使用水处理系统,如石英砂过滤系统、离子交换柱、反渗透过滤系统,去除水中的杂质、藻类、细菌、有害金属离子,降低水中的盐分和碱度。

4.2.5 肥料

合理施肥应按照植物营养原理和植物营养特性结合气候、介质和栽培技术因素进行综合考虑。也就是说,施肥要把植物内在的代谢作用和外界的环境条件结合起来当作一个整体,并应用现代科学,辩证地研究它们之间的相互关系,从而找出合理施肥的理论及其技术措施。

植物的生长需要各种矿物质元素,大量元素有氮、磷、钾、硫、钙、镁,微量元素有铁、锰、铜、锌、硼、钼等。

一、几种主要营养元素的营养功能

氮:是最重要的生命元素,被用来合成植物体内的氨基酸、蛋白质、各种酶及叶绿素。

磷:是植物之能源库,存在于植物体内的许多重要有机化合物中,如核蛋白、植素、磷脂、磷酸腺苷、酶等。

钾:以离子的形态存在于植物的汁液中,在细胞的生长、蛋白质的合成、促进酶的活性、促进光合作用等方面发挥着重要的作用。钾还能增强植物的抗旱性和抗寒性,同时能增强植物的抗倒伏和抗病能力。

钙:能促进细胞壁的形成,增强原生质膜的稳定性,促进细胞分裂,促进细胞生长,提高植物的抗病性。

镁:在叶绿素的形成过程中起重要作用,是光合作用不可缺少的元素。

硫:是蛋白质的成分之一,能促进根系的生长,并与叶绿素的形成有关。

铁:在叶绿素的形成过程中起重要作用,也是一些酶的组成成分。

锰:对叶绿素的形成和糖类的积累运转有重要作用;对种子发芽和幼苗的生长及结实均有影响。

硼:在糖类的转运、碳水化合物的合成、细胞壁的合成中起重要作用,另外在授粉、坐果、种子的形成方面也是一个重要元素。

锌:对酶的形成和酶的活性起作用,同时能帮助保护细胞膜。

铜:在植物的呼吸作用和光合作用中起作用。

钼:在蛋白质的合成及氮的生理代谢中起重要作用。

植物对矿质元素的吸收主要通过根系从介质溶液或介质颗粒表面获得,也可以通过叶部从叶片角质层和气孔获得。

二、影响植物吸收养分的环境条件

植物养分的吸收受外界环境条件的影响而不同。影响矿质元素吸收的外界因素主要有温度、光照、介质 pH、养分浓度和介质中离子间的互相作用。

1. 介质温度与光照

根系吸收养分要求适宜的介质温度为 15 ℃~25 ℃。在 0 ℃~30 ℃ 范围内,随温度升高,吸收增加;当温度超过 30 ℃时,养分吸收显著减少;如土温超过 40 ℃,养分吸收急剧减少,根系迅速老化,体内出现霉变,严重的导致细胞死亡。光照充足,光合作用强度大,吸收的能量多,养分吸收也多,且光照能促进硝酸还原酶的活性,促进 NO_3^- 的吸收。光也可以调节气孔的开闭而影响到蒸腾作用,从而间接影响植物对养料的吸收。因此,在光照充足的年

份和地区，要适当多施一些肥料，以便发挥更大的推动作用。

2. 介质透气性

介质通气良好，有利于植物的有氧呼吸，有利于养料的吸收。反之，介质排水不畅，呈嫌气状态，植物不仅吸收养料少，甚至体内养分外渗，排水通气后才能恢复。

3. 介质 pH

介质酸碱度影响吸收，在酸性环境中，植物吸收阴离子多于阳离子，在碱性环境中，吸收阳离子多于阴离子。

4. 介质水分

水分是化肥的溶剂和有机肥料矿化的必要条件。试验证明，介质水分含量适宜时，介质中养分的扩散速率就高，从而能提高养分的有效性。

5. 养分浓度

在低浓度时，随着离子浓度的增加，植物对养分的吸收速率逐渐增加，但到一定程度后，浓度继续增加，吸收速率逐渐变慢，最后离子浓度再进一步增加时，植物对养分的吸收不再增加。

6. 离子间相互作用

植物吸收的离子间有拮抗作用，主要表现在阳离子与阳离子之间和阴离子与阴离子之间。

三、肥料的种类

植物栽植中使用的肥料主要有有机肥、化学缓释肥和水溶性速效多元复合肥等。

有机肥和缓释性肥料的肥效较缓慢，营养的释放情况很难控制，所以，现代的穴盘种苗生产大多使用水溶性速效多元复合肥。水溶性肥料以其易溶解、易被植物吸收、肥效快、分布均匀、较易控制植株生长、不必再加微量元素而被穴盘育苗广泛使用。有机肥和缓释性肥料多用于露地栽培，作基肥使用。

四、常用水溶性肥料的养分配比

20-10-20 肥料：表示此肥料中氮（N）含量为20%、磷（P_2O_5）含量为10%、钾（K_2O）含量为20%，是最常用的种苗肥料。其中的氮有60%是硝态氮，40%是铵态氮。适用于种苗生长和花卉定植后快速生长时使用，一般须与14-0-14肥料交替使用。在冬天要减少20-10-20肥料的使用。

14-0-14 肥料：表示此肥料中氮（N）含量为14%、磷（P_2O_5）含量为0、钾（K_2O）含量为14%。适用于花卉、蔬菜等种苗的培养，也适用于花卉生长，特别是生长后期及冬天生长较慢时使用。一般须与20-10-20肥料交替使用。

10-30-20 肥料：表示此肥料中氮（N）含量为10%、磷（P_2O_5）含量为30%、钾（K_2O）含量为20%。该肥料可溶性磷酸含量很高，能促进植物幼苗根部发育和开花结果。常用于花卉、蔬菜种苗生产，在开花时与14-0-14肥料交替使用。

30-10-10 肥料：表示此肥料中氮（N）含量为30%、磷（P_2O_5）含量为10%、钾（K_2O）含量为10%。兰花常用此肥，也常用于观叶植物。

20-20-20 肥料：表示此肥料中氮（N）含量为20%、磷（P_2O_5）含量为20%、钾（K_2O）含量为20%。通用肥，多用于喜强光的木本植物和花卉，可根施也可叶面喷施。因铵态氮（NH_4^+）含量较高，植物生长较快，可与14-0-14肥料交替使用。在冬天及阴天时停用20-20-20肥料。

4.2.6 生长调节剂

园艺生产中常用一些生长激素或植物生长调节剂来控制植物生长,工厂化穴盘育苗中使用比较多的是生长抑制剂,其作用为抑制植物产生赤霉素,抑制细胞分裂和细胞生长而使植物节间变短,达到矮化的目的。

一、常用的抑制剂种类

比久(B_9)又称二甲基氨基琥珀酰胺酸。由于 B_9 的化学成分很容易被土壤破坏,生产上通常采用叶片喷施来使植物吸收。使用较方便,适用于多种植物,一般的浓度范围是 2 500 ~ 5 000 ppm,植物吸收缓慢,在凉爽的气候下使用效果较好。

矮壮素(CCC)又称氯化氯胆碱,适用于多种植物,一般的浓度范围是 250 ~ 1 000 ppm,植物吸收缓慢,使用浓度过高时会引起植物中毒,出现黄色的晕圈。在控制一品红和三色堇高度时,许多生产者常用 CCC 与 B_9 混合后喷施,有成倍的效果。

A-rest 又称嘧啶醇,适用于多种植物,效果比单独使用比久或矮壮素都好,使用起来比多效唑简便,一般的浓度范围是 10 ~ 200 ppm,能被植物的根系、叶片、茎秆迅速吸收,使植物转绿,但价格较高,大多用在球根花卉如郁金香及百合上。

多效唑(Bonzi)(氯丁唑)与烯效唑(Sumagic)(高效唑),适用于多种植物,在温暖的气候下效果最好,能被植物的根系、茎秆迅速吸收,植物对之很敏感。使用前要做浓度试验,使用时要谨慎,如过量,植物会停止生长。温度对这两类调节剂的作用有很大影响。在高温时使用量要高些。

二、植物品种和适宜的生长抑制剂种类

植物的生长调节剂对穴盘苗作物的作用如表 4-5 所示。

表 4-5 植物生长调节剂对穴盘苗作物的有效性

植物名称	B_9	A-rest	Bonzi	CCC	Sumagic
藿香蓟	+	+	+	+	+
香雪球	+	+	+		
四季海棠	+	+			
鸡冠花	+ *		+	+	+
紫苏		+			
大丽花	+	+	+	+	
石竹		+	+		
银叶菊	+	+	+		
羽衣甘蓝					+
天竺葵		+	+		+
何氏凤仙	+ *				
半边莲	+	+			

续表

植物名称	B_9	A-rest	Bonzi	CCC	Sumagic
万寿菊	+*	+	+	+	+
三色堇	+	+		+	
矮牵牛	+	+	+	+	+
半支莲	+		+		
报春花	+	+			
一串红	+	+	+	+	+
金鱼草	+	+	+	+	+
蓝猪耳			+		
美女樱	+			+	+
长春花	+*	+		+	+
角堇	+	+			
百日草	+	+	+	+	+

注：*表示在冷凉的时节有控制效果；使用的具体浓度范围请参照说明书。

三、使用生长抑制剂需要注意的问题

（1）详细阅读抑制剂产品说明书，确定植物适宜的抑制剂种类、适用的浓度和使用的方法。成株与幼苗的用量差距很大，对于幼苗应该更加谨慎，不能确定时要先做浓度试验。

（2）掌握好喷施的时间，控制徒长，越早越好。对于幼苗可在第一真叶刚刚伸出时就喷。对于有些容易徒长的品种，如万寿菊、百日草等，有资料表明可用抑制剂浸种来控制徒长。

（3）区分长势快和长势慢的植物。对于很容易徒长的植物，可用一些控制效果较强的药剂，如 A-rest、Bonzi。

（4）施前植物要有充足的水分，因为一些抑制剂被植物吸收得很慢，至少应间隔 24 h 以上才能浇水施肥，否则药剂会被冲洗掉。另外，抑制效果要 2~3 天后才能表现出来，不要急于二次喷施，间隔 7~10 天为好。

（5）喷施时雾化程度要高，尽量做到覆盖均匀。不要出现滴水，否则用量过大，A-rest、Bonzi 很容易通过土壤被植物根系吸收，造成抑制过重。

4.3　工厂化穴盘育苗的设施设备

4.3.1　温室

一、温室的结构

温室有单体温室和连栋温室两种（图 4-1）。

图 4-1 温室

选择温室的主要因素有地理位置、气候特点、生产目的、栽培方式、机械化程度高低以及造价等。近年来,连栋温室因为其空间容量大,利于保温、垂直空间大、便于机械设备安装及管线排布、适合机械化生产操作、节省劳动力等优点,使用越来越普遍。

二、温室的覆盖材料

温室的覆盖材料有聚乙烯薄膜、PC 板、PVC 透光板、聚碳酸脂中空板、玻璃纤维板、玻璃等。一般的温室采用双层充气聚乙烯薄膜,其优点是造价低,保温性能较好;但透光性差,使用寿命短,一般为 3~5 年。

温室上膜时内外层都要绷紧,防滴面朝内,减少内层局部积水。定期检修充气风机,使之始终保持充气状态。在大风天气尤其应注意薄膜的充气情况。

三、温室的地面

温室有混凝土地面、砂石地面等。现在较多的温室采用砂石地面,上铺黑色园艺地布,清洁卫生,无杂草,而且造价低。

地基一定要轧实、平整,砂石层要厚(15~20 cm),边缘有排水沟。地布四周放出 15 cm 左右,因为使用一段时间后地布要收缩。

四、苗床

在穴盘育苗中,苗床是必不可少的,通常要求苗床干净、整洁、便于操作。高架苗床床面离地面高度 70~80 cm。一方面便于操作人员对苗床上的种苗进行管理,另一方面使空气得以很好流动,也可避免地下害虫和线虫的侵入,减少病虫害的发生。苗床一般分固定式和移动式两种(图 4-2)。固定式苗床造价低,使用方便,但因苗床不能移动,每一苗床间必须留有通道,温室空间利用率低,一般为温室面积的 60%~70%;而移动苗床在温室内因能移动,每跨温室只需留一条通道,其利用率可达 75%~85%。现在使用较多的是后者。目前还有一种苗床是采用 EPS 泡沫穴盘放在专门的苗床架上,既可以直接采用 EPS 穴盘育苗,也可将 EPS 穴盘翻转过来摆放作床面。

有的种苗公司的苗床是用立柱支撑 T 型铝(图 4-3),把 EPS 穴盘翻转过来摆放作床面。这种苗床强度高,可拆分,操作方便。缺点是用 VFT 穴盘生产时,穴盘底部的通气量不如网架苗床好,根系生长慢。如果摆放盆花,常因压力大造成 EPS 穴盘变形。

图 4-2　苗床

图 4-3　立柱支撑 T 型苗床

如苗床直接放在地面,则要求地面平整、干净、无杂草,而且力争所有苗床在一个水平面,这样穴盘苗的水肥状况才比较一致。

五、施肥器

一般使用的是水流式无动力比例施肥器(图 4-4)。使用时应注意:

(1) 必须使用溶解性较好的水溶性肥料,否则易堵塞施肥器,同时使施肥浓度不准确。施肥器需要一定的工作水压,为 0.3~6 kg/cm²,正常工作时,每 15 s 工作不要超过 40 下,否则需要更换大规格的施肥器。

(2) 使用 200 目/80 μm 的过滤器,过滤器接在入水口的一侧。

(3) 每周清洗一次过滤器,吸入清水冲洗施肥器 5 min。施肥器的密封圈每年更换一次。

(4) 如果要拆洗施肥器,要仔细阅读说明书。因为大部分零件是塑料的,拆装时要特别注意。

(5) 调节施肥器在一个确定的稀释比例,如 1∶100,不要频繁更换,防止发生肥害或药害。

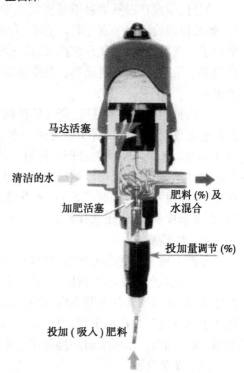

图 4-4　无动力比例施肥器

(6)给植物施肥前,一定要检测施肥器是否工作正常,可通过测量稀释后肥液的EC值来判定。

六、浇水车

浇水车(图4-5)离床面的距离:相临喷嘴的喷水扇面交叉50%时的高度,为水车臂离床面的高度,约45~50 cm。喷嘴的喷水扇面应与水车臂成一定夹角,约20°左右,而且喷水的扇面要相互平行,不交叉。水车臂应与床面平行,从而保证每个喷嘴的出水量一致。在每侧水车臂的两端各增加一个喷嘴,以平衡床面边际与中央水分蒸发量不一致的问题,同时,便于穴盘苗补水。常用的喷嘴有蓝色、灰色、白色三种类型,它们的出水量各不相同。在穴盘苗生长的不同时期使用不同出水量的喷嘴。在水车上

图4-5　自走式浇水车

安装手工补水喷头。每周清洗一次水车上的过滤器及喷嘴,以防杂质堵塞。每次施肥、喷药结束后,清洗管道内的残留肥料和农药。

七、侧窗、顶窗、遮阳幕

侧窗、顶窗在温室里起增强空气流通,降低室内温度和湿度的作用。当气温较高的时候,侧窗和顶窗可以一直开着。下雨、大风天气,关闭顶窗,侧窗关到苗床高度就可。当温室密闭了一夜后,清晨需要开窗换气,换气时间一般为15~30 min。当温室内温度超过植物生长温度上限时,重新开启顶窗。冬季适当闷棚,加速水分的蒸发,然后开窗,可以降低温室内的湿度。

遮阳幕起降低光照强度、降低温度的作用。遮阳幕的颜色有黑色、银灰色两种。其中银灰色遮阳幕对光线的反射作用更强一些,遮光率从40%到90%,规格很多,大多选择50%遮光率的遮阳幕。植物对光照强度有不同的要求,从而决定遮阳幕的开启与闭合。一般清早和傍晚的光照较弱,可以不用遮阳。过长时间遮阳,会导致植物徒长。遮阳幕还有降温的作用,很多温室有内外两层遮阳,夏季降温效果更加明显。有的遮阳幕表面复合了一层薄膜,在冬季夜晚开启,还能起到保温的作用。

八、加温系统

目前主要有燃油热风加温、热水管道加温和蒸汽管道加温等几种方法。

燃油风机的功率和数量应与温室面积及要求的加热温度相匹配。废气排放管道要求连接紧密,防止有害气体渗漏到温室内。风道在苗床下加热效果比较好。风道的布置要均匀,风道上的开孔应与苗床平行,离风机越远开孔越多。每天检查设置温度,检查油位,记录燃油量,及时加油。水暖管道加温是在苗床下铺设暖水管道,利用循环热水进行加温。

九、降温设施

采用遮阳和加强通风可以起到一定的降温作用,但是如果要求在夏季反季节种苗,可以配备湿帘通风系统来达到降温效果。具体做法是在温室的北面墙上安装专门的纸制湿帘

（厚度10~15 cm），在对面的温室墙面上安装大功率排风扇。使用时必须将整个温室封闭起来，开启湿帘水泵使整个湿帘充满水分，再打开排风扇排出温室内的空气，吸入外间的空气。外间的热空气通过湿帘时因水分的蒸发而使进入温室的空气温度降低，从而达到降低温室内温度的目的。

十、加光灯

在冬季或阴雨天气使用加光灯延长光照时间、补足光照，能促进光合作用，促进植物生长，同时可以缩短穴盘苗生育时间。

当光强低于16 000 lx，就需要补光。补光时间为白昼16 h。高压钠灯常用来作补光灯，功率从400~1 000 W，400 W使用较普遍。根据植物的需求确定灯光的数量和高度，一般植物表面最低有110 lx光照就行。

另外，对于长短日植物，根据植物的光反应临界时间（一般是黑夜13.5~14 h）进行补光，可以控制花期，进行花卉的促成和抑制栽培。

十一、二氧化碳发生器

二氧化碳发生器的工作机理是燃烧甲烷，释放出CO_2气体。

在冬季，温室经常封闭，CO_2的浓度从早晨7、8点钟到下午4、5点钟之间，比大气中的CO_2浓度还低。为了增强光合作用效果，温室中需要补充CO_2。CO_2浓度在700~1500 ppm范围内，光合作用效果最好。

CO_2的密度比空气大，所以二氧化碳发生器应架在高于床面的地方。工作时，应打开环流风扇，加强空气循环，使温室内各处的CO_2浓度比较均匀。

需要注意的是：补充CO_2的效果与光强、温度、植物营养、植物种类以及生育阶段有很大的关系。

十二、硫磺熏蒸器

硫磺经加热，达到熔点后升华为单质硫的气体，起到灭菌的作用。

使用硫磺熏蒸器，控制白粉病、锈病效果较好，其次是霜霉病、灰霉病。茄果类、葡萄等对硫磺熏蒸较敏感，不能使用。另外，硫氧化后产生的二氧化硫有漂泊作用，开花时尽量少用。如果植株表面多水，二氧化硫会与水发生化学反应生成硫酸，引起植物灼伤，这点要非常注意。

每个硫磺熏蒸器的作用范围在100~120 m²左右。每次熏蒸2~3 h即可，一周一次，发病高峰期可一周两次。一般熏蒸在夜间进行，第二天清晨应及时通风换气。

十三、温度计

温度是植物生长过程中不可缺少的环境因素。认真详细地记录每天的温度变化情况，以及对应的植物生长情况。对植物进行恰当的温度管理，为制订不同季节的作物生育期及提高养护管理水平打基础。

4.3.2 准备房

在现代种苗生产中，一般设有与温室配套的准备房，准备房由发芽室、播种区、介质仓库、资财仓库、控制室、操作间、包装间等组成，有条件的把办公室也放在内。一般来说，准备房的面积应达到温室面积的10%~15%。大型种苗场要求建在场圃的中央,这样可缩短从准备房到温室的距离,节约劳力和时间,提高工作效率。

一、播种区

播种区设有播种流水线所需要的介质混合机、介质运输机、介质填充机、播种机、覆料机以及淋水机等。种苗生产者应在播种区内完成播种全过程。

二、发芽室

为种子的发芽提供最适的环境条件的密闭空间,称为发芽室。使用发芽室种子发芽率高、发芽快、发芽整齐度高、节省温室空间、节省劳动力。一般来说发芽室都是相对独立的。为了能给种子发芽创造最适宜的条件,不受外界自然环境条件的影响,需要对发芽室进行隔离。隔离做得好,同时还能降低控温成本。

发芽室应具备的条件:

(1) 一定的空间:发芽室要有一定的容积,可根据生产能力设计一个相适宜的发芽空间。一般发芽均在发芽室内进行。一些对发芽的环境条件要求不严格的品种,在发芽室空间有限的情况下,可在温室的苗床上直接发芽,如西红柿、辣椒等。

(2) 可控温:不同植物的种子萌发需要不同的发芽温度,所以,发芽室的温度应是可调控的。有条件的育苗工厂一般有三间发芽室:"低温"、"高温不加光"、"高温加光"。为了减少投资,可以将一间发芽室隔离成几块,分出低温区和高温区。另外,要注意发芽室内的温度是否均匀,安装加温机或空调时应力争减小空间上下的温差,以求得较好的发芽。

(3) 可喷雾控湿:发芽室有一套自控喷雾装置。光束及感应器安装在离地面1.5 m左右的高度。为了提高发芽率,种子萌发时的相对空气湿度应高于90%。

(4) 可控光:有些种子发芽的时候需要一定量的光照,发芽室内应安装加光灯。光照要均匀,没有黑暗死角,光照强度200~400 lx就行。加光灯要防湿、防爆,电源、线路要安全,注意漏电、导电。

(5) 卫生:要保持发芽室内的清洁卫生,定期喷施化学药剂消毒地面、墙壁、屋顶,减少病菌感染。

三、控制室

现代种苗生产中,温室环境、生产过程、发芽环境都是有各种各样的仪器、设施、设备来控制的,所有这些仪器、设施、设备都统一在控制室内进行调控、管理。

四、水肥系统

植物生长离不开水和肥料,现代园艺生产中应该采用较好的水肥设施设备,其中包括水源、水处理设备、灌溉管道、自控滴灌系统、自控喷灌系统、潮汐式灌溉、自走式浇水车、自动肥料配比机等。

工厂化穴盘育苗通常采用的水肥系统由水源、水处理装置、灌溉管道、自动肥料配比机、自走式浇水车组成。

4.4 工厂化穴盘育苗的生产技术

4.4.1 播种

工厂化穴盘育苗的播种主要在播种线上完成。

一、种子的准备

根据生产通知单领取种籽,确定要播种的品种及数量,防止错播、漏播。根据不同品种的发芽时间、出发芽室时间,确定播种时间。避免夏季正午、冬季清晨及夜间出苗。

二、穴盘的准备

根据播种量计算穴盘数量。因有空穴存在,需增加5%～10%的穴盘量。

根据植物种类,明确穴盘规格和种类。一般情况下,每个穴盘的空穴越多,相对来说,每个空穴的容积就越小。在选择时,除了考虑所播种子的大小、形状和类型外,还需要考虑作物特征和种苗客户对种苗大小的要求。如洋葱育苗,因其在苗期就会形成小的鳞茎,选择时应考虑用较大一些的空穴,如128穴盘。西瓜、葫芦等瓜类育苗时,因其种子大、子叶也较大,容易挤苗,又因其生长期短,可考虑用大一些的穴空,如72穴盘。花卉育苗,则通常选择使用288穴盘。

在穴盘苗的生产中,穴盘的规格与苗圃的生产规模也有直接的关系。如果温室面积较大,但生产量不足,可考虑选用穴空较大的穴盘。穴盘的穴空越小,其穴盘苗管理就越难,介质中的水分、营养、氧气、pH值以及可溶性盐略有波动便会对小苗造成致命的伤害。

穴盘的颜色会影响到根部的温度。白色盘不但保温性能很好,而且反光性也很好,夏季一般用白色盘。黑色盘吸光性能好,光能转变成热能对种苗根部的发育更有利。冬季和春季生产一般使用黑色盘。

蔬菜种苗和苗期较长的花卉种苗,如秋海棠等,通常选用穴孔较大的穴盘,如128、200穴盘;虞美人、飞燕草、洋桔梗等根系扎得较深,选择孔穴较深的穴盘较好;天竺葵、非洲菊、仙客来以及部分多年生植物开始阶段一般是用穴孔较小的穴盘,如288穴盘,然后再移植到较大穴孔的穴盘中,如128穴盘。

如果穴盘要重复利用,则必须对已使用过的穴盘进行挑选,剔除那些老化、破损的穴盘,然后把想要再次利用的穴盘彻底清洗干净并进行消毒,尤其是可能有矮壮素残留的穴盘。穴盘消毒,建议不使用漂白剂,原因是部分穴盘可以吸收漂白剂中的氯,并与聚苯乙烯反应,形成有毒的化合物。它会严重影响到下季作物的生长,尤其是秋海棠,对其更为敏感。把已用过的穴盘彻底清洗干净后,再放到季铵盐(如"绿盾")等一类的表面消毒剂中进行消毒。比较简易的方法是用触杀性杀菌剂如托布津、多菌灵等药液浸泡消毒。切记,消过毒的盘在使用前必须彻底洗净晾干。

三、基质的准备

确定基质的配比和基质的 pH、EC 值。基质要有良好的保水力和透气性,pH 值 5.5~6.8,EC 值 0.55~0.75。一般由草炭土(升)、蛭石(升)、珍珠岩(升)组成。夏季蛭石与珍珠岩的比例可以小一点,15%~20%;冬季应大一点,25%~30%。水溶性多元复合肥应选择无磷或低磷的品种。经过试种,表现好的基质配方应该固定下来,不要随意更改,以保证生产的稳定性。

根据穴盘的数量和规格计算基质用量。拌好的基质放置不应超过两天。

确定基质的搅拌时间,一般 5 分钟/桶。避免基质颗粒过细,影响根系通气。

确定基质的湿度,60%~65% 为宜。过干、过湿均影响播种操作和种子发芽。

目前,有很多专业的草炭土生产公司,针对植物不同的生长需求,生产出许多不同配比的基质,也有专门用于育苗的基质,一般育苗工厂大多购买这些育苗基质用于生产,而不自行配比基质。

四、覆盖物质的准备

蛭石和珍珠岩是较好的覆盖物,蛭石因具备通气性和保水性而优于珍珠岩。覆盖物的颗粒大小也很重要,一般直径应大于 4mm,而且大小要相对均匀。

五、播种

检查播种线各装置的电源、部件是否正常,水路、气路是否通畅,然后开机检查运转情况,并检查紧急制动按钮是否工作。

放置穴盘试运行填土、打孔、覆盖、浇水装置。通过调节刮土板的高低来调整填土质量。填充好的基质应饱满、紧实,但要有弹性,即一定的舒松度。过紧,会影响种子根系下扎;过松,浇水时基质会被冲出来。

根据穴盘规格选择相应的打孔滚筒,通过升高、降低滚筒来调整孔的深浅。一般孔深是种子直径的 2~3 倍,即 5~7 mm。过浅,种子容易弹出孔穴;过深,种子萌芽破土困难。

孔应位于穴孔的中心,如果偏孔,可调节打孔滚筒内的控制位置螺丝。偏孔使种子覆盖不匀,生长空间不均,影响种苗的生长。

调节覆盖漏斗底部的插片,使漏斗下口宽度与穴盘对应,调节漏斗侧螺丝,使覆盖物流量适中。覆盖过少,盖不住种子就起不到遮光保湿的作用;覆盖过多,穴盘表面湿度大,根系不下扎,种苗易产生大量茎生根,影响脱盘时拔苗。覆盖的多少以穴盘浇水后能看到穴盘的格子为宜。

根据植物的类型掌握适当的浇水量,分为干、中湿、湿三种情况。过干影响种子萌芽;过湿会导致早期徒长,有时因空气少会引起烂种。

根据穴盘规格及种子的大小选择适宜的播种滚筒。注意两用滚筒两侧的标号,不要颠倒。放置滚筒时要轻巧、平稳,同时与相关部件紧密接触,防止刮伤表面,防止偏磨或漏气。

放好种子斗,放进种子。运转播种滚筒,观察滚筒吸放种子的情况。调节相关气压旋钮,最好每孔一粒种子,无空穴,无双粒。如果种子有粘连情况,可事先用干粉(痱子粉)处理一下。滚筒如有静电,可用湿布擦拭表面。

多数作物的种子在播种后,都需要覆料,以满足种子发芽所需的环境条件,保证其正常萌发和出苗。覆料时应注意,既不能太少也不能太多,太少便失去了盖种的意义,太多种子便会被深埋,如遇上水分过多、通风不良等情况,时间一长种子便会腐烂。即使苗能侥幸钻出来,也很有可能是畸形苗,或由于前期耗费了太多的营养而影响后期的生长。

覆料后需要淋水。如果是采用播种流水线作业,则淋水是由机器自动完成的。水滴的大小、水流的速度可以控制,淋水非常均匀,有利于种苗的生产,如果是人工浇水,则要注意选择喷头流量的大小。流量太大会冲刷介质,甚至冲走种子,太小则浇水过慢,效率太低。

六、送发芽室

播好种子的穴盘逐一摆放到发芽车上,作好标识。一定要注明品种、数量及播种时间。推发芽车进发芽室,操作要轻,不要强烈颠簸,否则会把种子颠出来。

七、结束后清理

播种结束后,拆下打孔滚筒和播种滚筒,擦拭干净,放回原位。因播种滚筒价格昂贵,须妥善保管,防重压、防机械损伤。清扫播种线,保持清洁卫生,减少病菌污染。

播种线负责人应详细记录播种任务完成情况,并上报部门主管。

4.4.2 发芽

发芽的过程是在发芽室内完成的。

当播好种的发芽车推进发芽室以后,根据发芽的具体要求设置温度、光照条件。为了节省空间,对于不需要光照的品种,可将穴盘堆叠。注意穴盘要交差摆放,以免压实基质。

一、根据品种特性决定在发芽室内停留的时间

有些种子发芽的时间较短,只有一两天,如西兰花、生菜;有些种子发芽时间很长,要7~20天,如海棠、仙客来(常见草花和蔬菜的发芽时间如表4-6、表4-7所示)。所以发芽室的管理人员要定时检查发芽的情况,每天早、中、晚检查三次。一般当种子的胚根突破种皮后就可以出发芽室了,对于早期容易徒长的品种要严格掌握这个关键时间。因为种子的质量是不同的,好的种子发芽很整齐。一般情况下,穴盘内的种子有60%~70%发芽就可以出发芽室了,不要等到胚芽都顶出介质再移出发芽室,因为这样可能导致部分幼苗徒长。在实际操作中,更是宜早不宜迟。对一些发芽和生长特别快的品种,如西瓜、百日草,尤其在天黑前应检查一次,如发现有部分苗开始顶出介质,就应马上将其从发芽室移入温室中,防止到第二天早上苗已徒长。

二、必须保持整个发芽室介质温度的稳定

不同种类和品种的种子,发芽所需的最佳温度会不同。例如,种子发芽第一阶段,青花菜的最佳发芽温度为18℃~21℃,而西瓜为27℃~29℃。介质温度过高会导致许多种子发芽不好,这可能是种子热休眠引起的。同样,介质温度过低会大大降低种子发芽的速度和发芽率。发芽室温度的调节可通过安装空调进行。

三、控制好湿度

水分过多可能会因不能获得足够的氧气而导致种子腐烂死亡,水分不够会阻碍种子发芽的生理过程。种子发芽阶段,可用孔径为10~80 μm的喷雾系统喷雾,使种子获得发芽所需的足够水分和氧气。发芽室湿度控制通常采用安装发芽室自动控制喷雾系统加以解决。

四、注意光照

大多数种子为中性种子,在光照或黑暗条件下均能发芽,但光照会使介质温度升高,可能会加快种子的萌发速度。需光种子是必须要有光才能萌发,如生菜、芹菜、秋海棠、非洲菊、洋桔梗、矮牵牛等;而嫌光种子则必须在黑暗的条件下才能萌发,如仙客来、长春花、葱、韭、报春花、金鱼草等。发芽室加光一是在发芽室墙面四周垂直等距离安装低压荧光灯,二是在发芽架两侧垂直随架安装两根低压日光灯,三是发芽架内部水平安装低压日光灯。

刚移出发芽室的种苗,长势较弱,对环境有一个适应过程,应加强管理,注意调整光照、湿度、温度和通风情况。应定期对发芽室清洗保洁,有条件的可使用紫外线定期进行杀菌,以防止发芽室内发生病虫害。

发芽室管理人员应详细记录每批种子的发芽情况,以备查询种子的质量。

常用草本花卉穴盘种苗发芽参数如表4-6所示。

表4-6 常用草本花卉穴盘种苗发芽参数表

种类	英文名	是、否覆盖	基质温度/℃	湿度	是否光照	时间/天
藿香蓟	Ageratum	否	24~25	中等		2~3
翠菊	Aster	是	20~21	干		4~5
四季海棠	Begonia fibrous	否	24~25	湿	是	7~10
球根海棠	Begronia tuberrous	否	22~24	湿	是	7~10
雏菊	Bellis	否	20~22	中等		5~7
金盏菊	Calendula	是	20~23	干	否	4~6
鸡冠花	Celosia	否	24~25	中等		4~5
瓜叶菊	Cimeraria	否	21~24	中等	是	5~7
彩叶草	Coleus	否	22~24	中等		5~7
仙客来	Cyclamen	是	18~20	湿	否	21~28
大丽花	Dahlia	是	20~21	干		3~4
石竹	Dianthus	都可	21~24	中等		3~5
银叶菊	Dusty Miller	否	22~24	中等		5~7
羽衣甘蓝	Flowering cabbage	是	18~21	中等		3~4
勋章菊	Gazania	是	20~21	干		5~7
天竺葵	Geranium	是	21~24	中等		3~5
非洲菊	Gerbera	都可	21~24	中等	是	7
大岩桐	Gloxinia	否	23~25	湿		5~7
千日红	Gomphrena	是	22~24	中等		5~7
洋凤仙	Impatiens	否	22~25	湿	是	3~5
新几内亚凤仙	Impatiens N. G.	是	25~26	湿		5~7
洋桔梗	Lisianthus	否	22~24	中等	是	10~12
六倍利	Lobelia	否	24~26	中等		4~6
万寿菊	Marigold African	是	21~24	中等		3~4

续表

种类	英文名	是、否覆盖	基质温度/℃	湿度	是否光照	时间/天
孔雀草	Marigold,French	是	21~24	中等		2~5
三色堇	Pansy	是	18~20	湿		5~7
五星花	Pentas	否	21~24	中等		10~12
矮牵牛	Petunia	否	24~25	中等	是	5~7
福禄考	Phlox	是	18~20	干	否	5~7
半支莲	Portulaca	否	25~26	中等		5~7
报春花	Primula	中	18~20	中等	是	7~10
花毛茛	Ranumculus	是	15~18	湿		7~14
一串红	Salvia	是	24~26	中等		5~7
金鱼草	Snapdragon	否	21~24	中等		4~8
夏堇	Torenia	是	24~26	中等		4~6
美女樱	Verbena	是	24~26	干		4~7
长春花	Vinca	是	25~26	湿	否	4~6
角堇	Viola	是	18~24	湿		5~7
百日草	Zinnia	是	20~21	干		2~3
蒲包花	Calceolaria	否	18~22	中等	是	7~10

常规蔬菜穴盘种苗发芽参数如表4-7所示。

表4-7 常规蔬菜穴盘种苗发芽参数表

种类	英文名	是、否覆盖	基质温度/℃	湿度	是否光照	时间/天
西兰花	Broccoli	是	18~21	中等		2
结球甘蓝	Cabbage	是	18~21	中等		3
花叶菜	Cauliflower	是	18~21	中等		3
芹菜	Celery	是	21~24	湿润		5~10
黄瓜	Cucumber	是	24~25	中等		2
茄子	Eggplant	是	24~25	中等		5~6
生菜	Lettuce	是	18~21	中等		3~4
香甜瓜	Muskmelon	是	24~25	中等		2~3
洋葱	Onion	是	21~24	中等		4~8
辣椒	Pepper	是	24~25	中等		5~7
南瓜	Squash	是	24~25	中等		2
番茄	Tomato	是	24~25	中等		3~4
西瓜	Watermelon	是	27~29	干		1~2

4.4.3 温室管理

根据工厂化穴盘育苗的生产管理特点,穴盘苗的生育期一般划分为四个阶段。

第一阶段:从播种到种子胚根伸出。

第二阶段:从种子胚根伸出到子叶展平。至此,种子的发芽阶段就结束了。

第三阶段:从子叶展平到长出计划的真叶数。

第四阶段:从生长完成、炼苗到销售前的准备。

第一和第二阶段是在播种线跟发芽室内完成的,第三和第四阶段是在温室内完成的。下面主要介绍第三、四阶段的温室管理与操作。

一、温室区划

为了规范生产管理,提高养护水平,防止病虫害交叉感染及大面积发生,根据生产目的、植物品种特性以及销售展示等将温室划分为若干区域。

生产区域因劳动操作、技术保密、植保等方面的要求应该相对独立。生产区域内部因生产目的的不同,划分为母本区、扦插区、产品区;因栽培性质的不同分为种苗区和盆栽区;因种苗的不同生育阶段划分为过渡区和正常养护区;因对温度的不同需求划分为低温区和高温区。

二、穴盘的摆放

因为不同的基质量,对水分的要求不一样;不同的生育阶段,水肥管理水平不一样;不同的植物品种对温度、光照等环境条件的要求不一样;不同的植物品种,适合于不同的生长抑制剂类型,所以,穴盘摆放有以下几个原则:

(1)把相同规格的穴盘摆在一起;

(2)把生长习性相近的植物品种摆在一起;

(3)把生育期一致的品种摆在一起;

(4)把喷施相同生长抑制剂的品种摆在一起。

EPS 盘可以直接摆在苗床上;VFT 盘建议把作垫板的 EPS 穴盘翻过来,即穴盘正面朝上,这样有利于穴盘苗根际的空气流通,利于根系生长。

盆花摆放时根据盆径的大小,决定每块垫板上的摆放数量,以最大限度的利用生产空间和便于生产统计为原则。随着植株的长大,适时地疏盆,以防徒长。另外,盆花的摆放还要考虑便于生产操作,如浇水、施肥、喷药、清扫卫生等。

三、水分管理

穴盘苗从发芽室出来后进入温室,因为穴盘里的种子并未全部发芽,所以保持湿度很重要。我们一般在温室内安排一个过渡区,适度的遮阴,保持基质湿润,待有85%以上的种子露出子叶后,就可以移出过渡区,在全光下进行生产管理了。大多数植物,子叶出土后就可以降低基质表面湿度,防止早期徒长,促进根系下扎。一般待第一真叶出现后,即第三阶段,水分管理就趋于正常。浇水掌握干湿交替,即一次浇透,待基质转干时再浇第二次透水。因穴盘苗的基质量很少,为了防止水分蒸发过大造成植物萎蔫,在两次浇水之间还需表面补水。第四阶段,即炼苗阶段,水分管理宜干不宜湿。因为炼苗的目的是要使种苗能适应不良环境以及耐运输。在这一阶段,需要控制浇水,有时会让种苗干到萎蔫状态再浇水。

尽量在清早浇水。这样植株表面经过一天的蒸发较干爽,不致带水过夜,从而减少病害的滋生,同时减少徒长。夏季因为叶面温度高,不能在中午时浇水,否则会造成叶片灼伤。夏季下午补水时,注意要把管道中的热水放尽。冬季用水要在室内放置一段时间,不致水温过低。

浇水的多少跟植物种类、蒸发量、基质的质量有关。一般茎杆柔嫩多汁、叶片大而薄的植物,阴生、半阴生植物,热带植物等需水量较大,需多浇水;茎杆木质化程度高、叶片小而厚的植物,旱生植物,寒带植物,沙漠植物等需水量较少,需少浇水。夏季蒸发量大,浇水的频率较高,所以夏季的基质保水力要强一些,如加大蛭石的用量;冬季蒸发量小,浇水的频率低,所以冬季的基质透气性要好一点,如加大珍珠岩的用量。

穴盘苗一般用水车浇水。首先应明确不同速度挡及不同喷嘴的出水量,其次应掌握具体的浇水量。例如,用几挡浇几遍,穴盘苗基质能浇透;几挡几遍,穴盘苗基质浇到三分之一等。还要掌握浇水的时间。例如,什么情况下必须浇水,什么情况下可浇可不浇,阴天的时候如何浇水。要注意观察浇水是否均匀,及时用水车补水或手工补水。

四、肥料的使用

穴盘苗的生育时间较短,因为磷和铵态氮容易引起种苗徒长,所以一般用无磷低铵的肥料,如14-0-14、13-2-13。有时也可用14-0-14与20-10-20及硝酸钙交替使用,或者硝酸铵与硝酸钙交替使用。对于不同种类的穴盘苗,应根据植物需要安排施肥计划。

铵态氮会导致植物长得柔嫩,枝干肥大而多汁,节间长,叶片大而浓绿。铵态氮通常不能促进根系的生长。当铵态氮和硝态氮的比例为1∶3时,会促进植物的营养生长。铵态氮占全氮的比例不宜超过50%,否则低温季节或pH低时容易发生铵中毒。硝态氮使植物长得比较紧凑,节间短,叶片厚,茎杆茁壮,根系生长旺盛,所以,一般全氮中硝态氮的比例高。硝态氮能促进植物的生殖生长,一般硝态氮肥的来源是硝酸钙、硝酸钾,硝酸钙不仅能促进根系的生长,还能使植物茎杆更结实。因此,可以根据植物在不同生长时期的生理需要,以及生产目的,利用肥料的不同特性来调控植物生长。

种苗不同生长阶段对肥料的需求:

第一阶段,有些介质中加有少量的营养启动肥料,如在发芽室中发芽,启动肥料可以支持到第14天,如在温室中发芽,从上面浇水,该启动肥料可能无法支持到第14天。有些介质中并不含有启动肥料,在发芽完成后,可施用20~25 ppm的20-10-20肥料。

第二阶段,子叶已可以进行光合作用。可交替使用50 ppm的20-10-20肥料与14-0-14肥料。此时介质中水分较多,而且光线通常较弱,提防徒长是最重要的。要注意铵态氮量与介质中启动肥料的量。

第三阶段,植物快速生长,此时应提高肥料浓度,即交替使用50~150 ppm的20-10-20肥料与14-0-14肥料。对大部分种苗而言,应保持pH在5.8,可溶性盐分在1.0。有些植物如鸡冠花、百日草、一串红、秋海棠、矮牵牛、天竺葵、非洲菊、花烟草等需肥较多,而三色堇、金鱼草、洋凤仙等需肥较少。喜欢较多的20-10-20肥料的植物有秋海棠、彩叶草、非洲菊、矮牵牛等。喜欢较多的14-0-14肥料的植物有仙客来、羽衣甘蓝、洋凤仙、金鱼草和大部分蔬菜等。

第四阶段,要降低湿度,减少养分,尤其是铵态氮,此时宜用硝态氮与钙肥使植株健壮、茎矮、叶厚,适于移植与运输。

出售当天施一次重肥,目的是让种苗移栽后迅速生长。两次施肥期间浇一次清水,洗去多余的盐分,过多的盐分容易引起烧根和土壤板结。

植物营养水平的高低可以用 EC 值来评定,穴盘苗的 EC 值一般在 0.5～1.3 之间,盆栽的 EC 要高一点,一般在 1.0～1.5 之间。

穴盘育苗中一般使用的是水溶性速效肥,每次施肥前应测量肥水的 EC 值,确保达到要求的浓度。另外,每周应检测一次土壤 EC 值,以判定是否需要施肥。

穴盘种苗生产上水溶性肥料的使用通常是把肥料按要求的比例溶解于水配成一定浓度的母液,再用肥料配比机稀释成所需要的浓度,在浇水的过程中进行施肥。

施肥时的注意事项:

(1) 随着种苗的生长,施肥浓度应逐渐增加,一般从 50 ppm 到 150 ppm。施肥频率通常为 1～2 次/周,炼苗期降低浓度,适当控制。

(2) 要求 20-10-20 肥料与 14-0-14 肥料交替使用,在冷天低光时尽量不用或少用铵态氮的 20-10-20 肥料。

(3) 水溶性肥料需要含有微量元素。

(4) 在炼苗期应使用 50～100 ppm 的 14-0-14 肥料。

五、温度

1. 温度对植物生长的影响

(1) 基质温度影响植物根系吸收水分。低温条件下水的黏度增加,扩散速率降低;细胞原生质黏性增大,水分不易通过原生质,呼吸作用减弱,影响主动吸水,根系生长缓慢,延缓植物生长。基质温度过高,加速根的老化过程,使根的木质化部位几乎达到根尖,吸收面积减少,吸收速率下降。

(2) 温度影响植物的蒸腾速率和矿物质元素的吸收速度。在一定范围内温度升高能加快水分通过气孔的扩散速度,同时加快水分从细胞表面蒸发,促进了蒸腾作用。植物根系吸收矿物质营养的速度在一定范围内也随着温度的升高而加快。

(3) 温度影响植物的光合作用和呼吸作用。植物的光合作用需要一定的温度,在一定范围内随着温度的升高而加强。温度主要通过影响呼吸酶的活性来影响呼吸速率。

(4) 温度影响植物的花芽分化和开花。植物花芽分化和开花要求一定的温度和日照时间,同时还要求植株达到一定的生长年龄或处于一定的生理状态。

2. 温度的调节

根据植物的适宜生长温度,通过关闭或开启温室的侧窗和顶窗以及空气循环系统和加温或降温系统,来控制穴盘苗的生长环境温度,促进生长。相对而言,在炎热的夏季降低温度要比冬季加温困难一些,通常采用外遮阳和内遮阳来遮挡过于强烈的太阳照射,以缓和由此引起的温度升高,同时配置湿帘和风扇系统,降温效果会好一些。

六、光照

光是光合作用的能源,在一定范围内,光合作用随光照增加而增强,随光照的减弱而下降。在温室中,根据植物对光照的需求,通过开启或关闭温室的内外遮阳系统,以及增加补光灯等方法,提供最适合植物生长的光照条件。

4.4.4 移苗

穴盘苗大都是以整盘销售的,而种子的发芽率不会是百分之百。另外,播种时常有漏播空穴或一穴双粒、多粒的现象,所以为了方便销售,节省温室空间,确保每株种苗的质量,一般在子叶展平时进行移苗。移苗大都是手工操作,将空穴的基质挖去,把双株或多株的种苗分开,填满整盘。

有些种苗在生长过程中需要转一次盘,从小盘移到大盘,以满足生长需要。转盘要及时,以防出现老僵苗。

移苗时需要注意:

(1)前一天要把水浇好,移苗时最好适度遮阴,苗移好后及时浇透水,以提高移苗的成活率。

(2)操作要轻,因为此时根系还很纤细、很柔弱,损伤过大就会死苗。

(3)移过的苗要用手把基质压紧,否则新、旧基质之间会有断层,根系的发育不好,种苗脱盘时容易拔断根系。

(4)移苗之后要把穴盘表面的多余基质清理干净,否则多水时或封盘后容易产生茎生根,一来影响基质中的根量,二来茎生根相互纠缠影响种苗脱盘和移栽。

(5)注意穴盘的标签,不要混淆或遗失。

4.4.5 穴盘种苗常见的病虫害及其防治方法

一、害虫

(1)地下害虫。地下害虫有蝼蛄、蚯蚓、蟋蟀等。最好的方法是采用高架苗床,如无高架苗床,可采用铺设地布、薄膜等措施来分隔。可在穴盘或育苗盘上撒呋喃丹(蔬菜上禁用)、克线磷等农药来防治地下害虫。

(2)鼠类。某些种子,如一串红等,对鼠类有一定诱惑力,可能会招来鼠类啃食种子及植物幼芽,因此在温室中应设置一些防鼠装置。

(3)地上害虫。常见的地上害虫有蚜虫、菜蛾、蓟马、潜叶蝇、螨虫、白粉虱等,其主要特点是寄生于种苗上,靠吸食植物的汁液和茎叶生存。这类害虫不仅会影响种苗的生长,更会导致种苗病害交叉感染和传播。可通过温室加装防虫网、诱虫灯和粘虫纸、进出温室及时关门等措施预防。在防治过程中,可采用一些有针对性的杀虫剂,但应注意交替使用不同化学成分的杀虫剂,以免害虫对药物产生抗性。

二、病害

1. 主要病害

病害主要分为真菌性病害、细菌性病害和病毒性病害。主要病害有:

(1)猝倒病。在种苗生产中,苗期猝倒病是比较常见的。它是由于真菌侵入种子或在介质表面感染幼苗引起的。即使植株生长良好,病害也可能侵入植株茎部,使茎部萎缩、变软而呈倒伏状,在发病区域可成片坏死。在潮湿的环境中,猝倒病很容易发生。通过对介质的消毒、提高介质排水性、合理的浇水、增加空气流通等方法,可降低猝倒病的发生。间隔一定时间喷施一些保护性杀菌剂也是有效的预防途径。病害一旦发生,应及时清除受感染的植株,用敌克松或普力克浇灌介质,喷施托布津、百菌清、多菌灵、甲霜灵等药物,但应注意各种药剂用量、间隔次数和药剂之间的相容性。另外,必须在介质较干和种苗上无水分时浇灌和喷施。

（2）软腐病。细菌性病害首先侵染叶片,产生水渍状病斑,组织软腐,很快萎蔫倒落,组织变黑,软腐粘滑,伴有恶臭,整个植物很快萎蔫死亡。高温多湿、植物的机械伤、虫口伤多,均利于发病。防治方法为减少侵染来源,摘除病叶,拔除病株。感染穴盘要严格消毒方可使用；接触过病株的用具要用0.1%高锰酸钾或70%酒精消毒后再用。对病株应增施磷、钾肥,加强通风透光,浇水以滴灌为佳。发病初期,可喷施或浇灌400 mg/kg农用链霉素或土霉素溶液,控制病害的蔓延。

（3）根腐病。主要表现为根系颜色变黑、变褐,部分老叶黄化,新叶生长不良。严重时植株完全停止生长,根系腐烂,最终导致整个植株死亡。在太湿和温度不合适时,容易引起根腐病。防治方法和猝倒病相似,但须确定药剂是否适合这种植物,另外也可用根腐灵和代森锰锌。

（4）叶斑病。在低温潮湿、高温潮湿、光照不足的条件下,植株较易得叶斑病。如果病斑呈水渍状或黄色晕纹,通常是由细菌感染引起的。真菌性叶斑病主要表现为棕色、黑色、灰色病斑,菌丝体和孢子较明显,一般底部叶片先感染,并迅速蔓延至整个植株,可用百菌清、代森锰锌、甲基托布津、多菌灵、扑海因等杀灭。

（5）疫病。疫病在万寿菊、孔雀草中较多发生,特别是环境温度较低时。表现症状为种苗叶尖成水渍状枯萎,很快蔓延至整张叶片,严重时导致植株死亡。提供种苗生长的最佳环境是减少疫病发生的有效方法。在疫病发生时,施用绿乳铜、氢氧化铜、疫霜灵等药剂可控制疫病的蔓延。

（6）病毒病。在种苗生产中,有时会出现病毒病,其主要症状表现为叶子上出现深浅不一的不规则色斑,叶片畸形扭曲,严重时会使植物生长停止。病毒病主要有番茄斑萎病毒、凤仙坏疽病毒和烟草花叶病毒。对于病毒病目前尚无好的治疗方法,一旦出现病毒病,应及时销毁种苗。

2. 病害预防

在种苗生产中,应贯彻"预防为主、防治结合"的原则。预防感染应做到：

（1）生产用水要保持清洁卫生,慎防污染。

（2）存放种子的设备或器皿一定要清洁卫生、干燥,防止种子感染杂菌或霉变。自己采收的种子或未经灭菌处理的种子,在播种前要进行温汤浸种,药液浸种,从而减少病菌的侵害。十字花科的植物,种子经过温汤浸种,可减少黑腐病的发生。播种用的草炭土必须要经过灭菌处理,以减少土传病虫害的发生。生产中常用高温蒸汽对基质进行消毒。回收利用的基质必须经过严格消毒才能使用。

（3）生产用的穴盘、花盆必须经过消毒灭菌,对于回收再次利用的穴盘、花盆,清洗、消毒更是必不可少。

（4）手工播种时,填好基质的穴盘或播好种子的穴盘,最好放在操作平台上。也可以在地板上铺一张干净的塑料布,在上面堆叠穴盘,不要直接放在地上。

（5）温室内要保持清洁卫生,无杂草、无垃圾、无严重的病虫害。外来植物进入温室前一定要经过杀虫杀菌处理,并放在隔离区内进行观察,待无病虫害发生时才可进入温室。

(6) 根据植物特性以及病虫害发生的特点,针对温室生产,植保人员要制订详细的植保计划。

(7) 植保人员每天都要检查植物的生长情况,密切关注病虫害的发生情况,做到及时治疗。对于病情严重的植株要及时处理,进行掩埋或焚烧,穴盘、花盆要立即消毒。

三、农药使用注意事项

(1) 杀菌剂分为保护性杀菌剂和治疗性杀菌剂。保护性杀菌剂只在植株的表面形成一层保护膜,阻挡病菌进入植物体,因而多用于预防病害的发生;治疗性杀菌剂有内吸作用,可以进入植物组织内部,杀死侵染的病菌,因而具有治疗作用。这两种杀菌剂多用于喷施。另外,内吸作用的杀菌剂还可用于根灌,治疗猝倒、茎腐、立枯等病害。

(2) 杀虫剂分为触杀性的、胃毒性的、内吸性的、激素类的以及一些生物制剂。要根据害虫的生物特性和危害特点选择适宜的杀虫剂,选择适宜的喷药时间和喷药方法,才能取得较好的防治效果。比如,一些蛾蝶类的幼虫,大多在夜晚和清晨取食,而在白天藏匿。所以选择在傍晚或清早喷药,这样杀虫的效果会很理想。又如,控制斑潜蝇,对于幼虫,内吸性的杀虫剂较有效,而对于成虫则触杀性的杀虫剂较有效。

(3) 决定喷药前必须保证植株有充足的水分,否则容易产生药害。同时,喷药后不久,如给植株浇水、施肥,农药会被冲刷掉,大大降低药效。所以植保人员需跟温室管理人员协调好工作,使农药在植株表面保留 12 h 以上。两种以上的杀菌剂或杀虫剂混用时,一定要先看药品说明书,确定是否能混用。没有说明的必须作试验,以防相互间发生反应,产生药害。

(4) 病菌或病虫对农药有适应性,不要一直只用一种农药,两三种交替使用效果较好。

(5) 浓度计算一定要准确。对于进口农药,一定要仔细阅读说明书,注意单位间的换算。大多数农药标明的是成年株的适用浓度,对于小苗还得做浓度实验。

(6) 不同菌落引发的病症有时很相像,如真菌和细菌引发的腐烂病,要仔细观察,以便对症下药,通过镜检来辨别更为科学。

(7) 植物在花期应减少喷药频率,以免影响观赏性。如不能喷药,可选择熏烟剂或硫磺熏蒸。

(8) 喷药时间掌握一早一晚,避免在高温时间喷药。

(9) 农药的毒性很大,农药储藏间要注意通风,喷药时要佩带防护面罩和手套。粉剂要注意防潮,还要注意农药的有效期。

4.4.6 温室的卫生管理

(1) 温室工作人员每天必须清扫地面及床面上的枯枝落叶、生产垃圾,并倒在指定的垃圾桶中,不得随地乱扔乱倒垃圾。

(2) 为了保持温室的整洁,工作人员在下班之前必须把工具或物品归还原位。

(3) 定期清除地布上的青苔,清除温室内外的杂草,防止滋生病虫害。

(4) 在一个生长季节结束以后,应对空闲温室进行彻底的消毒灭菌、锄草除虫。

(5) 工作人员不得在温室里吃水果或就餐,以防引来鼠害。温室内禁止吸烟。

4.4.7 炼苗、出圃

因为种苗的温室生长环境与露天自然环境相差很大,为了增强种苗的抗逆性,提高移栽的成活率,出温室时应采取降低温度(约7℃~10℃)、减少施肥、减少浇水(不致萎蔫)、增强通风、增强光照等措施进行炼苗。炼苗期一般在5天左右,在包装销售的前一天,对要发货的苗施以充足的水肥,目的是缩短种苗移栽后的缓苗时间,使其迅速生根,继续生长。

种苗的包装很重要。为减少运输过程中的损伤,根据种苗的规格,要使用特殊的包装箱。花卉种苗一般是带盘运输的,蔬菜种苗大多采用脱盘运输。

种苗出货时应该仔细填写发货单,包括收货人姓名、地址、联系方式、种苗的名称、数量、金额、承运方式等内容,尽可能减少中间环节,缩短运输时间。应提前通知收货单位,以便及时收货。

案例分析

矮牵牛穴盘育苗技术

矮牵牛穴盘育苗从准备生产到销售有七个主要过程,分别为种子的准备、播种时间的确定、播种、发芽室催芽、种苗的生长、病虫害防治与包装运输。

一、种子的准备

现代花卉园艺生产中,种子的品质直接影响着生产体系。为获得高发芽和整齐的矮牵牛穴盘苗,种子必须具备成熟、充实、高活力等特性,不应使用未经专业生产(来源不明)的种子和自行采收的种子。在购种时要特别注意种子的来源、制种公司的现状、种子的发芽率、千粒重、净重、是否消毒、所购种子的品种颜色、售后服务等。品种的选择应根据是否适合本地区种植及所需矮牵牛的花色来决定。

二、播种时间的确定

根据定植的时间来确定播种期,VFT 288 穴矮牵牛冬季苗期一般为43天,夏季苗期一般为35天。VFT 512 穴矮牵牛冬季苗期一般为36天,夏季苗期一般为32天。在冬季提前40天播种,在夏季提前33天播种。

三、播种

矮牵牛基质配方为进口泥炭:珍珠岩:蛭石 = 3:1:1,此种基质配方矮牵牛生根率高、成苗率高、死亡率低及种苗质量好。矮牵牛为需光种子,必须有光才能发芽,播种后不用覆盖。播种精度要高,种子下落的位置要尽量靠近穴盘的中心。矮牵牛种子细小,播种不宜深,只要播在基质表面就可以发芽生长,或者打0.2~0.3 cm浅孔将种子播下。矮牵牛应在播种前浇水,防止种子被冲走,浇水时要均匀,不要在表面留下气泡,浇至穴盘下排水孔有水珠欲滴时为止。

四、发芽室催芽

穴盘从播种生产线出来以后应立即送到发芽室催芽。在推发芽车进发芽室之前穴盘要做好标识,注明品种、数量和发芽时间。矮牵牛子叶出土前发芽室温度应保持在24 ℃ ~ 26 ℃,相对空气湿度在100%,低于60%的湿度不利于种子发芽,光照强度在200 ~ 2 000 lx,催芽时间大约为3 ~ 4天,当有70%左右种苗的胚芽开始顶出基质而子叶尚未展开时就应移出发芽室。对于早期容易徒长的品种要严格掌握这个关键时间。为了提高发芽整齐度和种苗质量,需要补光以防止种苗徒长。发芽室管理人员应详细记录每批种子的发芽情况以备查询种子的质量。应定期对发芽室清洗保洁,有条件的种苗厂可使用紫外线定期杀菌,以防止发芽室内发生病害。

五、种苗的生长与管理

刚从发芽室内移出至温室的幼苗长势较弱,对生长环境的变化非常敏感,因此矮牵牛从发芽室移出到销售是整个生产过程的关键,稍有技术上的缺陷就会提高生产成本,造成时间和材料的浪费。矮牵牛从发芽到销售可分为四个阶段。这四个阶段的管理技术如下:

第一阶段,胚根发育阶段(4 ~ 7天)。介质温度保持在24 ℃ ~ 25 ℃,湿度中等。若发芽阶段湿度不能保障,则轻微覆盖有助于提高湿度,光照不低于100 lx,土壤pH 5.5 ~ 6.0,电导率应低于0.75 ms/cm,在此阶段可施用50 ppm15-0-15的氮肥。这一阶段结束时胚根长约0.6 cm,子叶即将出现。此阶段保持温度很重要,待有85%以上的种子露出子叶后,在全光下进行管理。

第二阶段,茎杆和子叶出现阶段(7 ~ 10天)。介质的温度保持在20 ℃ ~ 24 ℃,当子叶完全展开后,可以施用浓度为100 ~ 150 ppm的氮肥肥液,每周两次。如果生长缓慢,可每隔一周施用一次20-10-20的肥料。保持电导率在1.0 ~ 1.5 ms/cm。保持栽培基质中等湿度,土壤pH 5.5 ~ 5.8,光照10 000 ~ 30 000 lx,介质EC < 0.1。这一阶段结束时胚根长约1.2 ~ 1.8 cm,子叶已完全展开,第一片真叶即将出现。

第三阶段,真叶的生长和发育阶段(21 ~ 28天)。介质温度保持在18 ℃ ~ 21 ℃。一周施用一次N、P、K复合肥,每次100 ~ 150 mg/kg,随着真叶的数量增多,施肥浓度也随之增加。肥料中N的比例不宜过高,应结合施用高钙肥来促使根系的生长。介质EC < 1.2。浇水时应采用干湿交替的方法,可以引诱根系的生长。对水分的控制要求为基质表面干到发白用手挤压能看到自由水。这一阶段结束时胚根长度超过2.5 cm且有侧根,具有2 ~ 3个分支。土壤pH保持在5.5 ~ 5.8,电导率低于1.5 ms/cm。后期(幼苗成熟阶段)只要温度可控,光照可增加至54 000 lx。

第四阶段,准备移植阶段(7天)。介质湿度保持在15 ℃ ~ 17 ℃,推荐使用14-0-14的复合肥,每周两次。N肥应当用硝态氮与铵肥,可使植株健壮、茎矮、叶厚、适合移植与运输。在不引起生长障碍的情况下,在两次浇水之间让土壤干透,保持土壤pH 5.5 ~ 5.8,电导率低于0.75 ms/cm,光照25 000 ~ 30 000 lx。再使用B_9一次,浓度为5 000 ppm。此阶段主要对水分进行控制,促使根系的生长,让根系布满穴盘,便于移栽时提苗,同时要减少水肥供给,进行低温或高温锻炼,增加通风频率和通风量,使小苗能够快速适应外界的生存环境。

六、病虫害防治

矮牵牛易受蚜虫、蓟马和潜叶蝇的侵扰,蚜虫可用吡虫啉、一遍净、甲胺膦、杀虫膦防治;蓟马可用敌敌畏、二氯松、甲胺膦、杀虫膦防治;潜叶蝇可用溴氯菊酯、敌杀死防治。另外,矮牵牛也容易得根腐病、霜霉病和灰霉病,根腐病可用甲基硫菌灵、甲基托布津、百菌清、达克宁防治,霜霉病可用普力克、霜霉威、瑞毒霉、甲霜灵防治,灰霉病可用速克灵防治。保持良好的通风条件和较低的湿度能够有效减少病虫害的发生。栽培管理中,应及时去除死叶、病叶或病花。栽培中若 pH 调整不好还会出现缺铁、硼等症状。缺铁主要表现为幼芽幼叶萎蔫发黄甚至变为黄白色,可以使用 85~141 g 硫酸铁配 400 L 水浓度的溶液对土壤进行灌根。但使用后应用清水洗涤叶片。缺硼表现为叶片扭曲,叶尖干枯,分生组织以下的侧芽增生。防治方法为将土壤 pH 维持在 5.5~6.3,在土壤中添加硼。配置添加液时,用 8 g 硼砂配 400 L 水,一般生产过程中使用 1~2 次即可。使用硼砂前,先将其放在热水中溶解。

七、包装运输

包装运输是矮牵牛种苗生产过程的最后一道程序。原本优质的种苗如果运输时间过长或运输中箱子颠倒就可能出现干瘪、叶黄等不良现象。为减少运输过程中的损伤,根据种苗的规格使用特殊的包装箱,箱外标注"种苗专用箱"和"↑"放置标记。在包装销售的前一天,要对将要发货的矮牵牛苗施以充足的水肥以缩短种苗移栽后的缓苗时间,使其迅速生根继续生长。基质水分要足,并保持叶面干燥,太干或过湿在起苗时容易发生断苗现象。销售前两天要浇一次重肥,一般选择浓度为 250 mg/kg 的 20-10-20,如果温室内温度太高,种苗应冷却后再装箱发货。

 本章小结

现代育苗向着专业化、规模化、机械化和系统化的方向发展,穴盘育苗除完全符合育苗的发展趋势外,具有育苗成活率高、移植不伤根、生长整齐、生长期短、单位面积产量高等突出优点,已被广泛采用。本章主要介绍的穴盘育苗的生产要素——种子、穴盘、介质、水、肥的选择与调节,穴盘育苗所需的温室、发芽室的设施、设备及穴盘育苗的生产技术,包括播种阶段、发芽阶段、生产和炼苗阶段水分、温度、湿度和光照的控制与要求,预防病虫害发生的注意事项和农药使用的注意事项等。

 复习思考

1. 穴盘育苗和传统育苗相比有哪些优点和缺点?
2. 穴盘育苗的生产要素有哪些?穴盘苗的介质应有哪些要求?水质差会造成什么影响?
3. 温室如何控制温度、湿度?
4. 穴盘育苗的生长发育分哪几个时期?每一阶段如何进行管理?
5. 农药使用时应注意哪些事项?

 考证提示

1. 介质的配制技术。
2. 温室的管理技术。
3. 穴盘苗的植物保护技术。

第5章 苗木出圃

学习目标

掌握苗木质量评价的标准和基本方法；掌握苗木包装、假植和贮藏等基本技术。

5.1 园林苗木质量的评价

园林苗木质量的优劣不仅体现在育苗工作的成效上，而且直接影响园林绿化的质量和艺术效果。

苗体品质是指苗木离开苗圃时的状况。苗体某一方面的特征不能决定苗木的质量。苗木质量应包括性能特征和材料特征两个方面。苗木性能是指根生长势、抗冻、抗寒等。材料特征是指芽休眠、水势、营养以及苗木的形态指标等。在众多衡量苗木质量的指标里，由于形态指标观察和测量容易，因此，用形态指标衡量苗木质量的方法已被广泛接受。形态指标是有苗高、地径、根系、健康、感病等。地径是指苗干的地际直径，即苗干土痕处的粗度。苗高是指苗干土痕处到顶梢的距离。应该注意的是苗木质量不是单一指标所能决定的，应由这些指标共同决定。比较理想的评价苗木质量应该考虑多个指标，或找出主要指标。

优质苗木需具备以下特征：

健康、生长旺盛，且不感病；主干强健，自由伸展；茎坚硬，地径较大；冠匀称、浓密；根系自由伸展，不弯曲；根系发达，细、纤维状的根较多，且有根生长点；地上部分和地下部分较均衡；叶子健康、深绿色；能忍耐短期干旱；习惯全光照。

真正评价苗木质量时，许多指标是很难观察的，或因测定时间较长，无法满足实际需要。实际应用时要考虑主要指标，如根系是苗木质量的一个重要指标，但因在地下我们无法感知。研究发现地径与苗木根系、根系干重、苗冠干重、苗木总干重都成正相关，因此可以通过地径这一容易获得的指标来衡量根系以及其他指标。还可用苗木的冠根比来衡量苗木质量。因为它涉及苗木吸收区（根系）和蒸发区（苗冠），所以也是一个重要指标。通常通过测量冠和根的干重来计算冠根比。较好的冠根比能反映苗木健壮程度，数值一般在1:1~1:2之间。非破坏性的苗木质量测定方法是看"健壮指数",用苗高(cm)和地径(mm)的商表示,充分考虑苗高和地径两个指标。健壮指数较小则表明苗木健壮,有较高的期望成活率,特别是在干旱地或者风蚀地。健壮指数一般不应高于6。

我国现行苗木质量标准所用的指标主要有根系、地径和苗高,之所以在强调地径的同时又强调根系,原因是在起苗时对根系破坏过于严重。

苗圃生产应提供优质苗木。然而,在苗木生产过程中一直有一种普遍错误的观点,即过分强调苗木的数量,忽略苗木质量。从官方的统计资料便可看出,每年都有用种量、产苗量、造林面积等一大堆统计数据,但很少有关质量的报告。尽管多年来也在努力强调质量,但由于观念的根深蒂固,收效甚微。其实,正确的做法是宁愿少一些苗木,而不追求多数量低质苗木。提高苗木质量虽然意味着生产苗木数量可能减少,但是造林成活率提高了,树木生长旺盛了,同样可以创造出相同或超出原有模式的经济效益、社会效益和生态效益。

一定规格的苗木标准都有一个适宜的育苗密度,苗木密度的大小影响苗木质量。一般密度越大,地径越小,苗木就越瘦弱。

在任何一个苗木群体中,总是有一部分质量好的苗木和一部分质量较差的苗木,质量好的一般占20%~30%。因此,苗圃应该尽可能生产20%~30%或更多的符合一定质量标准的苗木。苗圃管理者在调整苗木密度时,丢弃一些质量较差的苗木是十分正常的。

一个好的苗圃一旦发现质量差的苗木,会立即将其去除,因为它们占有空间和浪费土地资源,而且会成为病害感染源。去除质量差的苗木过程叫做"间苗"。让质量差的苗木继续留床到下一个生长季节,往往造成苗木过大,不宜造林。生产者要清楚地认识到大苗并不都是优质的。

5.1.1 园林苗木的质量指标

(1)根系发达,主根短而直,侧根和须根多而分布均匀。这样的苗木适应城市街道、工矿企业、广场绿地等复杂的生态环境,成活率高,缓苗期短。具体要求应根据苗龄、规格而定,苗木年龄和规格越大,根系也应越多,一般由苗木的高度和根际直径来决定。

带土球的常绿树苗,土球大小标准根据苗木根系和树种特性而定。

(2)苗木粗壮、匀称、通直,弯曲有度,苗木的高径比要适宜。高径比是指苗木的高度与根颈直径之比,它反映苗木高度与苗木粗度之间的关系。实践证明茎干粗壮的苗木生活力强,生长旺盛,对环境的适应力和再生力强,移栽成活率高。

(3)苗木的地上部分与地下部分的比例要适当。在同树种、同苗龄的情况下,茎根比值小、重量大的苗木质量好。所谓茎根比是指苗木地上部分茎叶的鲜重与地下部分根系的鲜重之比。此外,要求苗干高、充分木质化、无徒长现象、枝叶繁茂、色泽正常。

(4)无病虫害和机械损伤。

(5)针叶树类苗木应具有健壮、饱满的顶芽,阔叶树类苗木应具有良好的骨架。

5.1.2 露地栽培花卉苗的质量指标

（1）一年生花卉：株高 10~40 cm，冠径 15~35 cm，分枝不少于 3 或 4 个，叶簇健壮，色泽明亮。
（2）宿根花卉：根系必须完整，无腐烂变质现象。
（3）球根花卉：根茎应健壮、无损伤、幼芽要饱满。
（4）观叶植物：叶色应鲜艳，叶簇丰满。

5.1.3 园林苗木出圃的规格

园林苗木的出圃规格应根据绿化任务的不同来确定。出圃的规格标准如表 5-1 所示。

表 5-1 苗木出圃规格标准

苗木类别	代表树种	出圃时苗木的最低标准	备 注
大中型落叶苗木	国槐、合欢、白玉兰、二球悬铃木	要求树形良好，干直立，胸径在 3 cm 以上（行道树在 4 cm 以上），分枝点在 220 cm 以上	干径每增加 0.5 cm 提高一个规格级
有主干的果树、单干式灌木、小型乔木	柿树、榆叶梅、紫叶李、西府海棠、碧桃	要求主干上端树冠丰满，地径在 2.5 cm 以上	地径每增加 0.5 cm 提高一个规格级
多干式灌木	丁香、珍珠梅	要求地径分枝处有 3 个以上的分布均匀的主枝，出圃高度在 80 cm 以上	高度每增加 30 cm 提高一个规格级
	紫薇、玫瑰、棣棠	出圃高度 50 cm 以上	高度每增加 20 cm 提高一个规格级
	月季、郁李、小檗	出圃高度 30 cm 以上	高度每增加 10 cm 提高一个规格级
绿篱苗木	大叶黄杨、侧柏、黄杨	要求树势旺盛，全株成丛，基部丰满，灌丛直径 20 cm 以上，高度 50 cm 以上	高度每增加 20 cm 提高一个规格级
攀援类苗木	地锦、凌霄、紫藤	要求生长旺盛，根系发达，枝蔓发育充实，腋芽饱满	以苗龄为出圃标准，每增加 1 年提高一个规格级
人工造型苗	黄杨球、龙柏球	出圃规格不统一，应按不同要求和不同使用目的而定	

5.2 苗木的掘取

掘苗又称起苗,即把已达到出圃规格或需移植扩大株行距的苗木从苗圃地上掘起来。掘苗前要对苗木进行严格筛选,保证苗木质量。

5.2.1 掘苗季节

原则上,掘苗是在苗木休眠期进行。生产上常分秋季掘苗和春季掘苗。但常绿植物在雨季栽植时,也可在雨季掘苗。

一、秋季掘苗

秋季掘苗时间始于秋季落叶、苗木地上部分停止生长,止于地面封冻之前。掘苗前如土壤干旱应提前灌水,以便容易掘取,少伤根系。这个阶段,苗木地上部分营养物质大量回输根部,地温较高,根系仍在生长,掘苗后若及时栽种,有利于根系伤口的及时愈合、恢复,翌年苗木萌发较早。一些抗寒力差或需腾地的苗木,往往在秋季掘苗,然后进行保护性假植越冬。大、中苗木秋季掘苗,应随掘随植。一些不耐寒的球根花卉,秋季从圃地掘取,进行窖藏。

二、春季掘苗

春季掘苗始于土壤化冻时,终于苗木萌芽前。春季掘苗可免去假植工序,还可避免秋末掘苗时因突然发生的恶劣气候而使苗木受到伤害。

不宜进行冬季假植的常绿树种和不便进行假植的大规格落叶乔木主要在春季掘苗,最好随掘随栽。露天栽培的宿根花卉,须在萌芽前掘苗并分株栽植。不同树种掘苗、栽植的顺序不同,萌芽早的宜早掘早栽,萌芽晚的宜晚掘晚栽。根据树种特性,有些需裸根掘苗,有些则需带土球掘苗。

另外一些常绿树种在雨季起苗后立即栽植,成活率高,效果也好,可安排在雨季起苗。

5.2.2 掘苗方法

因树种和苗木大小而异,有带土掘苗和不带土掘苗两种。一般常绿树种以及在生长季节掘苗,因蒸腾量大需带土球;年龄较大的苗木因根系恢复较困难,也应带土球。

一、裸根起苗(图5-1)

绝大多数落叶树和容易成活的针叶树小苗均可裸根起苗。

在苗木的株行间开沟挖土,露出一定深度的根系后,斜切掉过深的主根,起出苗木,并抖落泥土,适于移植易成活的落叶树种。

图 5-1　裸根起苗

二、带土球起苗

一般常绿树、名贵树和花灌木的起挖要带土球,土球直径不小于树干胸径的 8～10 倍,土球纵径通常为横径的 2/3;灌木的土球直径约为冠幅的 1/2～1/3。为防止挖掘时土球松散,如遇干燥天气,可提前一二天浇以透水,以增加土壤的黏结力,便于操作。挖树时先将树木周围无根生长的表层土壤铲去,在应带土球直径的外侧挖一条操作沟,沟深与土球高度相等,沟壁应垂直;遇到细根用铁锹斩断。胸径 3 cm 以上的粗根,则须用手锯断根,不能用锹斩,以免震裂土球。挖至规定深度,用锹将土球表面及周边修平,使土球上大下小呈苹果形;主根较深的树种土球呈倒卵形。土球的上表面,宜中部稍高、逐渐向外倾斜,其肩部应圆滑、不留棱角,这样包扎时比较牢固,扎绳不易滑脱。土球的下部直径一般不应超过土球直径的 2/3。自上而下修整土球至一半高时,应逐渐向内缩小至规定的标准。最后用利铲从土球底部斜着向内切断主根,使土球与地底分开。在土球下部主根未切断前,不得扳动树干、硬推土球,以免土球破裂和根系裂损。如土球底部已松散,必须及时堵塞泥土或干草,并包扎紧实。

带土球的树木是否需要包扎,视土球大小、质地松紧及运输距离的远近而定。一般近距离运输土质紧实、土球较小的树木时,不必包扎。土球直径在 30 cm 以上一律要包扎,以确保土球不散。包扎的方法有多种,最简单的是用草绳上下绕缠几圈,称为简易扎或"西瓜皮"包扎法,也可用塑料布或稻草包裹。较复杂的还有井字式(古钱包式)、五星式和桔子式(网格式)等,如图 5-2 所示。比较贵重的大苗、土球直径在 1 m 左右、运输距离远、土质不太紧实的采用桔子式包扎。而土质坚实、运输距离不太远的,可用五星式或井字式包扎。

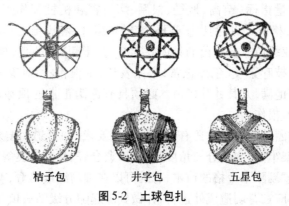

桔子包　　　井字包　　　五星包

图 5-2　土球包扎

三、断根缩土球起苗

大苗或未经移植的苗,根系延伸较远,吸收根群多在树冠投影范围以外,因而起土球时带不到大量须根,必须断根缩土球。其方法是在起苗前1~2年,在树干周围按冠幅大小开沟,灌入泥浆,使根系受伤并在黏土圈发生新根,起苗时,在黏土圈外起土球包扎。

四、掘苗注意事项

(1) 控制好掘苗深度及范围。为保证掘苗质量,应注意苗根的长度和数量,尽量保证苗根的完整。

(2) 为保证成活率,不要在大风天掘苗,以防苗木失水风干。

(3) 掘苗前如圃地太干,应提前2~3天灌水,使土壤湿润,以利挖掘,并减少根系损伤。

(4) 为提高栽植成活率,应随掘随运随栽,当天不能栽植的要立即进行假植,以防苗木失水风干。针叶树在起苗过程中应特别注意保护好顶芽和根系的完整,以防苗木失水。

(5) 掘苗时操作要细致,工具要锋利,保证掘苗质量。掘取的苗木应立即加以修剪,主要是剪去植株过高的和不充实的部分、受病虫危害的枝梢和根系的受伤部分。

5.3 苗木的分级、包装和运输

5.3.1 苗木分级

苗木分级又称选苗,即按苗木质量标准把苗木分成若干等级。其目的是使出圃的苗木符合规格标准,使苗木栽植后生长整齐。

我国苗木分级标准主要根据苗木的形态指标和生理指标两个方面。形态指标包括苗高、地径、根系状况等。生理指标主要是指苗木色泽、木质化程度、苗木水势和根生长潜力等。

目前,一般将生理指标作为一种控制条件,即合格苗木必须满足的前提条件。凡生理指标不能达标者,均视为废苗。

根据苗木主要质量指标(苗高、地径、根系、病虫害和机械损伤等)可将苗木分为成苗(合格苗)、幼苗(不合格苗、未达到出圃规格、需继续培育)和废苗三类。成苗在生产上又可分为两级:一级苗和亚级苗。一级苗的具体要求是:苗干粗壮、端直,具有一定的高度,充分木质化,无徒长现象,枝叶繁茂、色泽正常;根系发达,主根粗壮,具有一定长度,侧、须根较多;枝条组织充实,芽饱满,尤其针叶树苗木必须具有饱满正常的顶芽;苗木重量大,根冠比值小,无病虫害和机械损伤。

一些特殊整形的园林树木苗木还有特殊的规格要求,如行道树要求分枝点有一定的高度;果树苗木要求骨架牢固、主枝分枝角度大、接口愈合好、品种优良等。

苗木分级时,注意剔除不合格的苗木,有的可以在圃内继续培育,有的则要淘汰。

苗木的分级工作应在背阴避风处进行,并做到随起随分级随假植,以防风吹日晒或损伤根系。苗木的统计,一般和分级工作同时进行,统计最简易的办法是计数法,对于小苗可以采用称重法,由苗木的重量折算出其株数。

5.3.2 苗木的检疫和消毒

植物检疫的任务是通过植物检疫、检验制度等一系列措施,防止危害植物的各类病虫害、杂草随同植物及其产品传播蔓延,并设法加以消灭,这是与病虫害作斗争的一个重要环节。苗木在省与省之间调运或与国外交换时必须经过国家的检疫,对带有检疫对象的苗木应停止调运或彻底消毒。凡带有国家规定检疫对象的苗木,均不得出圃,必须就地销毁。

育苗单位和苗木调运人员必须遵守检疫条例,做到疫区不输出,新区不引入。苗木或种球等调运前,必须经当地植物检疫部门检验,检验合格签发检疫合格证后才能起运。

调运苗木的货主应主动向检疫站提出检疫申请,并将需调运物品名称、产地、产地检疫合格证、数量(件数、重量)、运抵目的地,发货人和办货人单位、姓名、联系电话等资料提供给检疫站。检疫站根据国家检疫要求,对待调运的应施检疫物品实施检疫,确认无国家规定的植物检疫对象后,签发植物检疫证书。

消毒的方法可用药剂浸渍、喷洒或熏蒸。一般浸渍用的杀菌剂有:石硫合剂、波尔多液、升汞等,消毒杀菌时,可将苗根在 4~5 波美度石硫合剂药液内浸 10~20 min,然后用清水冲洗根部 1~2 次;或用 1:1:100 式波尔多液浸泡苗木 10~20 min,再用清水冲洗根部 1~2 次;也可用 0.1% 升汞液浸苗 20 min,同时用药液喷洒苗木的地上部分,消毒后用清水冲洗干净。用氰酸钾气熏蒸能有效地杀死各种虫害,每 100 m^3 容积用氰酸钾 30 g、硫酸 45 g、水 90 mL,熏蒸 1 h 即可。熏后打开门窗散去毒气后,方能入室取苗。

5.3.3 苗木的包装

苗木在调运过程中,要进行妥善的包装,以防止苗木在运输过程中干枯、腐烂、受冻、擦伤或压伤。包装材料多用草包、蒲包、集运箱等,为增强包装材料的韧性和拉力,打包之前,可将草绳等用水浸湿。土球直径在 50 cm 以上的,当土球取出后,为防止土球碎散,减少根系水分损失,需立即用草绳或其他包装材料进行捆扎。对珍贵树种的苗木土球宜用木箱包装。

土球大,运输距离远的,捆扎时应捆密一些。土球直径在 30 cm 以下的,还应用韧性及拉力强的棕绳打上外腰箍,以保证土球完好和树木成活。

裸根苗木、花卉,如长距离运输时,苗根、花根可蘸泥浆,使根部处在潮湿的包裹中,尽量减少风吹日晒的时间,以保证成活。

在生产上,各地试用高分子吸水剂浸蘸苗根(1 份吸水剂加 40 倍水),其水分大部分能被苗根吸收,又不会蒸发散失,可使长途运输苗木免受干燥的威胁。

日本和英国等,曾用聚乙烯塑料袋进行苗木包装的试验,其效果很好,它不仅能防止苗根干燥,还有促使苗木生长、提高成活率和促进苗木生根的作用。

苗木包装应力求经济简便、形体大小适宜,切勿太大或太重,以便搬运及堆置。包装工作应选在背风避阴处进行,常绿树种的苗木,苗冠宜外露,以防发霉腐烂。

5.3.4 苗木运输

一、装车

裸根苗装车不宜过高过重,压的不宜太紧,以免压伤树枝和树根;树梢不准拖地,必要时用绳子围栓吊拢起来,绳子与树身接触部分,要用蒲包垫好,以防损伤树干。卡车后厢板上应铺垫草袋、蒲包等,以免擦伤树皮、碰坏树根;树根应朝前,树梢向后,顺序排码。长途运苗最好用毡布将树根盖严,以减少树根失水。

带土球装车 2 m 以下的苗木,可以直立装车;2 m 以上的苗木,则应斜放,或完全放倒,土球朝前,树梢向后,并立支架将树冠支稳,以免行车时树冠摇晃,造成散坨。土球规格较大,直径超过 60 cm 的苗木只能码一层;小土球则可码 2~3 层,土球之间要码紧,还需用木块、砖头支垫,以防晃动。土球上不准站人或放置重物,以防压伤土球。

二、运输

城市交通情况复杂,而树苗往往超高、超长、超宽,应事先办好必要的手续;运输途中,押运人员要和司机密切配合好,保证行车的平稳,尽量缩短途中时间,运到目的地后要立即组织人员卸苗,最好直接运送到栽植地,分到各个种植穴。长途运苗应经常给苗木根部洒水,中途停车应停于有遮阳的地方,遇到车绳松动、毡布不严、树梢拖地等情况应及时停车处理。

三、运输应注意事项

(1)无论是长距离还是短距离运输,要经常检查包内的温度和湿度,在运输过程中,要采取保湿、喷淋、降温、适当通风透气等措施,严防风吹、日晒、发热、霉烂等。

(2)运苗时应选用速度快的运输工具,以便缩短运输时间。有条件的可用特制的冷藏车运输。苗木运到目的地后,要立即卸车开包通风,并在背风、阴凉、湿润处假植,以待栽植。

(3)如果是短距离运输,苗木可散在箩筐中,在框底放上一层湿润物,在苗木上面再盖上一层湿润物即可。以苗木不失水为原则。

(4)如果是长距离运输,则裸根苗根部一定要蘸泥浆,带土球的苗一定要在枝叶上喷水,再用湿毡布将苗木盖上。

(5)装苗木时要注意轻拿轻放,不可碰伤苗木,车装好后绑扎时要注意不可用绳物磨损树皮。

如果苗木进行异地销售或运输则必须要做好检疫工作,只有检疫合格的苗木才能运出苗木产地,并办理好检疫证。

5.4 苗木的假植和贮藏

5.4.1 苗木的假植

将苗木的根系用湿润的土壤进行暂时的埋植处理称为假植。假植的目的主要是防止根系干燥，保证苗木质量。

假植有临时假植和越冬假植之分，在起苗后至栽植前进行的时间较短的称为临时假植（短期假植）；当秋季起苗后，要通过假植越冬时，称为越冬假植（长期假植）。

假植的方法是选一排水良好、背风、背阳的地方，与主风向相垂直挖一条沟，沟的规格因苗木的大小而异。播种苗一般深、宽各为 30~40 cm，迎风面的沟壁作成 45°的斜壁，短期假植可将苗木在斜壁上成束排列；长期假植可将苗木单株排列，然后把苗木的根系和茎的下部用湿润的土壤覆盖、踩紧，使根系和土壤密接。

假植沟的土壤如果干燥时，应适当灌水，但切勿过量。在严寒地区，为了防寒，可用草类、秸秆等将苗木的地上部分加以覆盖。

苗木假植完成后要插标牌，并写明树种、等级和数量等，在风沙危害严重的地区可在迎风面设置防风障，此外在假植地要留出道路，便于春季起苗和运苗。

假植应注意的事项：

(1) 假植地要选排水良好、背风、背阳的地方。

(2) 长期假植时，一定要做到深埋、单排、踩实。

(3) 在早春如苗不能及时栽植时，为抑制苗木的发芽，用草席或其他遮盖物遮阴，降低温度，可推迟苗木的发芽时间。

5.4.2 苗木的贮藏

为了更好地保存苗木，推迟苗木的发芽期，延长栽植时间，许多国家采用了低温贮藏的方法（又称冷藏），取得了良好的效果。

低温贮藏条件要控制温度在 0 ℃~3 ℃，因为在这个温度条件下适于苗木休眠而不适于腐烂菌的繁殖，空气湿度控制在 85%~90% 之间，要有通气设备，可利用冷藏室、冷藏库、冰窖、地下室和地窖等进行贮藏。一般苗木贮藏半年左右不会影响成活率。

我国在生产上贮藏苗木多用地窖，其方法是选择排水良好的地方作地窖，窖边略倾斜，窖中央设木柱数根，柱上架横梁，搭木椽，盖上 10 cm 厚的秫秸，上面再覆土。窖顶须留有气孔，孔口有木板或草帘覆盖，经常开闭，调节气温。将苗木每百株一捆，根部向窖壁并填入河沙，因根部体积较大，故在留梢的一侧用秫秸垫高，如此层层放置，直至窖沿为止。

目前，国外批发大量苗木的苗圃，为了保证全年均匀供苗，已采用地上大规模的冷藏库，将裸根掘起的苗木分级以后放在湿度大、温度低、无自然光照的条件下，出售时用冷藏车运输，至零售商手中再上盆置于露地，待恢复生机后再进行销售。国外大多数球根、宿根花卉也多采用此种方法。

本章小结

园林苗木直接用于城市园林绿化，为了使出圃的苗木更好地发挥绿化效果，出圃的苗木必须符合园林绿化的用苗要求，对出圃的苗木应制定相应的质量标准。质量标准包括形态指标和生理指标。苗木的掘取、分级、包装、运输、假植、贮藏也是本章的主要内容，尤其是假植和贮藏应该作为重点加以掌握。

复习思考

1. 苗木质量评价的意义有哪些？
2. 假植的作用是什么？
3. 冷藏的条件是什么？

考证提示

1. 苗木的掘取。
2. 苗木的分级。
3. 苗木的假植。

第6章 主要蔬菜育苗技术

学习目标

通过本章学习,主要了解茄果类、瓜类、豆类、白菜类、绿叶蔬菜类、葱蒜类及多年生蔬菜类等主要蔬菜的育苗方法,掌握各种蔬菜的育苗技术,包括品种选择、苗床准备、播种及苗期管理技术等。

6.1 茄果类蔬菜育苗技术

6.1.1 番茄

一、品种选择

番茄早熟栽培一般选用自封顶、早熟、耐低温和弱光、抗病的品种,如苏粉2号、早丰、西粉3号、合作903、21世纪宝粉番茄等。也可选择中熟种,通过提早摘顶等措施提早上市,如苏抗7号、中杂9号、佳粉10号等。露地多选用中熟或中晚熟、抗病性强的品种。秋季栽培应选择抗病毒,既耐热又耐寒,结果集中,果实成熟时间短,在低温条件下着色好的品种。

二、苗床准备

1. 苗床地的选择

选择排水良好,土层较厚,土质肥沃,有机质含量较高,pH中性左右,近两年未种过茄科蔬菜的地块进行育苗。

2. 设施选择

番茄冬春育苗重点在于防寒保温,通风透光,一般应选用塑料大棚、温室等设施,以确保冬季育苗的成功。如温度过低,可采用电加温线加温。

3. 营养土的配制

营养土一般由肥沃菜园土、堆厩肥、栏粪、炭化谷壳、草炭等组成。园土是培养土的主要成分,应占 30%～50%。为防止土壤传染病害,不要选择近两年种过茄科的蔬菜园土,最好选择种植过生姜、葱蒜等的菜园土以及肥沃的稻田土。园土掘取后要充分烤晒、打碎、过筛,并保持干燥状态备用。堆厩肥等是主要的营养源,应占培养土 20%～30%。这些有机肥一定要提前收集,并进行避雨堆沤,使之充分腐烂发酵。炭化谷壳或草木灰能增加培养土的钾含量,使其疏松透气,并提高 pH 值,其含量也可占培养土的 20%～30%。此外,还可加少量过磷酸钙,必要时加适量石灰调节酸碱度。

4. 营养土的消毒

营养土消毒常用的方法有福尔马林消毒。一般 1 000 kg 培养土,用福尔马林药液 200～300 mL,加水 25～30 kg,喷洒后充分拌匀堆置,并覆上一层塑料薄膜闷闭 2～3 天,揭膜 6～7 天待药气散尽即可使用。

5. 苗床制作

苗床畦面整平后,在播种前一个星期即可铺设培养土,厚度约为 6～8 cm,要求厚度均匀一致,床面平整。

三、种子处理与播种

1. 种子处理

(1) 浸种。在生产中一般采用温汤浸种,可杀死附着种子表面的病菌,且简单易行。具体做法:将种子盛在纱布袋中,先置入常温水中浸 15 min,再转入 55 ℃ 的温水中浸 10～15 min,且不断搅动和及时补充热水使水温维持所需温度,随后让水温逐渐下降或转入 30 ℃ 的温水中继续浸泡 4～5 h,最后洗净附于种皮上的黏质。

(2) 药液浸种。防治番茄早疫病,可先用温水浸种 3～4 h,再浸入 40% 福尔马林 100 倍溶液中,20 min 后捞出并密闭 2～3 h,最后用清水冲洗干净。防治番茄病毒病,同样选用清水浸 3～4 h,转入 10% 磷酸三钠或 2% 氢氧化钠水溶液,经 20 min 取出,用清水冲洗数遍,至 pH 试纸检验为中性时即可。

(3) 催芽。催芽可根据种子量的多少在催芽箱、恒温催芽箱和其他简易催芽器具中进行。催芽过程中,首先是控制温度,其次是调节湿度和进行换气,番茄种子催芽的温度为 25 ℃～28 ℃,为保证氧气和适宜的水分,应每隔 8 h 左右翻动一次,并根据干湿程度补充一些水分,必要时可进行冲洗,以清除种子表面上的黏质。在这样的催芽条件下,番茄种子经 2～3 天即可完成催芽。

2. 播种

(1) 播种期的确定。播种期根据生产计划、当地气候条件、育苗设施、品种特性等具体情况而定,春番茄的播种时间根据栽种的时间和秧苗的苗龄(一般在 60～80 天左右,不宜太长)向前推移。长江流域播种时间一般在 12 月至 1 月上旬。

(2) 播种量。春番茄每 10 m² 苗床播种 50～75 g,可满足 2～3 亩大田之用。秧苗二叶一心时进行分苗。分苗可将秧苗直接定入营养苗钵或营养土块,密度约 120～130 株/m²,每个大棚可育大苗 1.6～1.7 万株。

(3) 播种。番茄主要采取直接播种法。播种前半天或一天要将苗床浇透,使水分下渗 10 cm 左右,即除渗透培养土外,苗床本土还要下渗 2～4 cm。播种时应将湿润种子拌些干细土,并采取来回撒播,即可播得均匀。播种后要撒一薄层盖籽营养土,并及时覆盖地膜保温,夜间可采用小拱棚覆盖加草苫保温。

四、苗床管理

1. 出苗期的管理

从播种到子叶微展即为出苗期,约需 3 天,为了促进苗萌发快而整齐,必须维持较高的湿度和控制较高的温度。温度控制以 22 ℃ ~24 ℃为适,白天可升至25 ℃ ~26 ℃,夜间可降至20 ℃左右。为保持土壤湿润,在床温不过高的情况下,一般不宜揭除覆盖物。

2. 破心期的管理

从子叶微展到第一片真叶展出即为破心期,约 4 天左右。为了在定苗时期不形成高脚苗并促进先长根,主要采取控温的措施。首先在确保秧苗不受冻的情况下,尽可能多见阳光。其次是适当降低温度,白天控制在 16 ℃ ~18 ℃,夜间为 12 ℃ ~14 ℃。其三是控制浇水,降低床土温度。此外,遇秧苗拥挤时应间苗。

3. 旺盛生长期

幼苗破心后生长加快即进入旺盛生长期。为了使营养生长与生殖生长协调进行,应采取促控结合的管理措施。主要是提供适宜的温度、较强的光照、充足的水分和养分。控制昼/夜气温为 20 ℃ ~24 ℃/14 ℃ ~15 ℃;昼/夜地温为 16 ℃ ~18 ℃/12 ℃ ~14 ℃。在保证以上温度的前提下,一般不需覆盖,以利于通风见光。保证水分和养分供应,一般在正常的晴朗天气,应每隔一天喷水一次,以维持床土湿润。即使在低温阴雨天气,也应每隔 2~3 天左右喷水一次,以维持床上呈半干半湿状态。在床土缺肥的情况下,可结合浇水喷 2~3 次营养液,营养液应注意 N、P、K 三要素的配合,三者的总浓度不要超过 0.2%。遇秧苗徒长时,可喷施矮壮素、比久,或采用松土断根等措施。

4. 炼苗期的管理

定植前 3~4 天即可进入炼苗期。主要是采取控温措施,包括控湿降温,揭除覆盖物等。必要时可使床土露白或有意松土断根。

5. 壮苗标准

壮苗标准为株高 15~18 cm,茎粗 4.5 mm,叶面积在 90~100 m²,6~7 片真叶,苗龄 50~60 天。

五、番茄嫁接育苗

1. 品种与砧木选择

番茄宜选用结果期长、果实大、品质好、耐运输的中晚熟品种,如毛粉802、佳粉10、佳粉2 号、中杂 9 号、L-402 等。

目前使用的砧木主要为野生番茄,如 LS-89、兴津101、耐病新交 1 号、斯库拉姆、斯库拉姆 2 号等。

2. 嫁接育苗

每年 8~9 月播种,每公顷用种子450 g 左右。播前浇透水,水渗下后薄撒一层营养土,然后均匀撒播种子,覆土 1 cm。采用插接法时,砧木种子早播 7~10 天,劈接时砧木种子早播3~7 天。出苗期白天 25 ℃ ~28 ℃,夜间 18 ℃ ~20 ℃;出苗后白天 15 ℃ ~17 ℃,晚上 10 ℃ ~12 ℃,最高不超过 15 ℃,防止徒长;第一片真叶展开后白天 25 ℃ ~28 ℃,夜间 15 ℃左右。

插接宜在砧木苗 4~4.5 片真叶、接穗苗 2.5 片真叶时进行；劈接在砧木 5~6 片真叶时进行。嫁接苗栽植于 8 cm×10 cm 的塑料钵或纸筒内。嫁接苗成活期要加强管理，幼苗第一片真叶时进行第二次移苗，扩大营养面积至 15 cm×15 cm，现蕾时定植。

六、番茄穴盘育苗

1. 穴盘选择

一般选用 72 孔或 50 孔塑料穴盘，即每盘可育苗 72 株或 50 株。

2. 基质准备

根据番茄定植需苗量，准备塑料穴盘数量。按每 1 000 盘 72 孔穴盘用基质 4~5 m^3 配制混合基质。

3. 基质配制

草炭∶蛭石 =2∶1，或草炭∶蛭石∶珍珠岩 =1∶1∶1（全部为体积比），覆盖料用蛭石。

4. 施肥方法

每立方米混合基质加入氮、磷、钾 15∶15∶15 三元复合肥 2.5 kg，或每立方米基质加 1.2 kg 尿素和 1.2 kg 磷酸二氢钾，肥料与基质混拌均匀后备用。苗期三叶一心后，可结合喷水进行 1~2 次叶面喷肥。

5. 种子处理

用 50 ℃~55 ℃ 温水浸种 20 min，换 20 ℃~30 ℃ 水浸种 4~5 h，然后播种、催芽。或播前用 10% 磷酸三钠水溶液浸种 20 min，然后用清水将种子上的药液冲洗干净，换 20 ℃~30 ℃ 水浸种 4~5 h，再催芽播种。

6. 播种深度

播种深度 1.0 cm 左右为宜。

7. 水分管理

播种后，将育苗基质喷透水（穴盘排水孔有水珠溢出），使基质持水量达到 200% 以上；苗期子叶展开至二叶一心，水分含量为持水量的 65%~70%；三叶一心至成苗，水分含量保持在 60%~65%。

8. 温度管理

催芽期间，室内温度可保持在 25 ℃~27 ℃，大约 3~4 天出苗。当苗盘中 60% 出苗，即可将苗盘摆放进育苗温室。日温 25 ℃，夜温 16 ℃~18 ℃ 为宜。当夜温偏低时，可采用地热线加温或其他临时加温措施（烟道加温或热风炉加温等），以免影响出苗速率和出现猝倒病。二叶一心后夜温可降至 13 ℃ 左右，但不要低于 10 ℃。白天酌情通风，降低空气相对湿度。

6.1.2 茄子

一、品种选择

早春棚室栽培茄子要根据当地市场需求和食用习惯，选用早熟、抗寒性强、耐低温、生长势中等、适于密植且抗病、受市场欢迎的优良品种，如扬茄 1 号、苏畸茄。

二、电热温床准备

茄子育苗要求温度高，冬季培育茄子苗要在大棚或温室的电热温床上进行。栽培 1 亩茄子需要种子 50~60 g,播种床 5~6 m²,需配制营养土 0.6 m³。播种床选址及大小与番茄相同,床上铺营养土 8~10 cm。如果采用电热温床播种育苗,在苗床床面下挖 10~12 cm,每平方米按电功率 100~120 W 铺设电热线。电热线上覆盖 2~3 cm 细炉灰作为护线层,其上铺营养土 8~10 cm,整平后待播种。营养土配制按体积计算,肥沃菜园土 2/3、腐熟农家肥 1/3、每立方米营养土加 50% 多菌灵可湿性粉剂 80~100 g,混合均匀过筛后即可使用。

三、播种

1. 种子处理

茄子种皮厚、坚硬、透气性差、吸水慢、种皮常带有病菌,所以播种前要进行种子处理。种子消毒,用 70 ℃~80 ℃ 的热水烫种 10~15 min,其间要用木棒不停地搅动,烫种后立即加凉水降温到 30 ℃ 以下。将种子搓洗到无滑黏感觉为止。为提高消毒效果,还可再用 50% 多菌灵可湿性粉剂 500~600 倍溶液浸泡 1 h。

种子消毒后,淘洗干净,放在 20 ℃~30 ℃ 温水中浸泡 8~12 h,让种子吸足水分。晾干种皮明水,用干净的湿棉布包起,放在 25 ℃~30 ℃ 环境下催芽。每天检查并用温水淘洗一次。当种子开始萌动后,降温到 20 ℃~25 ℃。一般经 5~7 天,有 70% 以上种子发芽时即可播种。种子发芽长度以不超过种子的横径长为宜。

2. 适时播种

早熟栽培茄子,苗龄一般为 90 天左右。大棚育苗播种期一般在 10 月上旬至 11 月上旬。作地膜露地栽植的,播种期在 11 月中、下旬。

播种选择晴天上午进行。提前 2~3 天把播种床浇透水,覆盖地膜保湿。加温提高苗床土壤温度,苗床 5 cm 土温达到 20 ℃ 左右就可播种。播种时如果床面发干,先喷一遍温水,在播种前后各撒一半事先备好的药土,然后盖上营养土,采用小拱棚加地膜保温。

四、苗期管理

1. 温度管理

从播种到定植分成五个阶段。播种到出苗,温度要高,白天 28 ℃~30 ℃,夜间 18 ℃~20 ℃,电热温床把温度调到 25 ℃ 左右。温室薄膜密闭,草苫晚揭早盖,促进幼苗快出土。出苗到分苗移植,白天 20 ℃~28 ℃,夜间 15 ℃~18 ℃,电热温床把温度调到 20 ℃ 左右,种子出土时,把地膜揭除。幼苗出齐后,要注意给以充足的光照。缓苗期,白天保持 25 ℃~30 ℃,夜间 18 ℃~20 ℃,促进幼苗尽快出新根恢复生长。缓苗到定植前,白天 20 ℃~25 ℃,夜间 15 ℃~20 ℃。定植前 8~10 天,降温炼苗,白天 20 ℃ 左右,夜间 10 ℃~15 ℃。

2. 分次覆土

在冬季蔬菜育苗中,覆土具有保墒、增温、防止种子带皮出土等多种作用。茄子育苗中覆土的时期分别在种子顶土要出苗时,幼苗出齐苗后,以及每次间苗和浇水后。整个育苗期覆土 2~4 次,每次使用的土要提前准备,在温室内预热过筛后使用。每次覆土厚度 0.2~0.3 cm。覆土尽量均匀一致,在晴天中午或下午进行。

3. 分苗移植

在幼苗长到 3~4 片叶时进行分苗。分苗苗床的准备与番茄育苗相同。苗床施腐熟农家肥 10 kg/m² 左右、过磷酸钙 50~100 g。土粪充分混匀后耙平待分苗。

分苗选晴天进行。分苗时,从分苗床一端开始,按 12 cm 行距开沟浇水,沟内按 12 cm

株距植苗,然后再浇一次水后覆土平沟,依次逐行进行分苗移植。分苗时注意三个问题。一是要浇足水。分苗后整个苗床表土要求全部润湿,如果有干土说明用水不足,如果床土成泥状,说明水过多。二是植苗深度以保持幼苗原入土深度为宜。植苗过深缓苗慢,甚至发生死苗。三是注意淘汰畸形苗和弱苗。用塑料钵分苗营养土配制比例,肥沃大田表土 60%、腐熟农家肥 40%,每立方米再加腐熟鸡粪 10～15 kg、50%多菌灵可湿性粉剂 80～100 g,各种材料混合均匀过筛后使用。分苗前 3～4 天,将钵内装营养土六七成,整齐地排到苗床上,在分苗前 1～2 天浇透水,盖地膜保湿升温。向营养钵分苗时,在每个营养钵中间植入一棵壮苗,植好后喷水浇透。

4. 壮苗标准

茄子的壮苗标准是秧苗具有 5～6 片真叶,茎粗 0.4～0.5 cm,苗高 16～20 cm,叶片大而厚,叶色深绿,根系发达,须根多。

五、茄子嫁接育苗

1. 浸种催芽

用托鲁巴姆做砧木,每亩地选优良种子 10～12 g。用 0.8%～1%赤霉素溶液浸泡(也就是 500 g 水兑 4～5 mL 赤霉素),浸种时间应掌握在 48～60 h。然后捞出种子反复搓洗,再用布包好(或用袜子装好)开始催芽。催芽温度掌握在 30 ℃左右,约 7 天时间就可以出芽。

2. 播种

播种前应先整理好苗床(一般按照一包种子播 2 m² 大小),先撒多菌灵 20 g、育苗生物肥 0.25 kg 及腐熟有机肥翻地整匀,然后耙平并浇透水,等畦面稍晾,没有水洼时即可播种。将种子与细沙土混合(把种子和细沙土放于同一盆中轻晃,直到混匀为止),把掺好的种子均匀地撒在已备好的畦内,然后盖浮土(约 1 cm 即可)。

为防止猝倒病和立枯病等苗期病害的发生,可以选用向农 4 号 600 倍溶液喷洒畦面或用 2～4 g/cm² 药粉与细土混匀后撒于畦面,然后再播种;苗菌敌(猝枯净)一包药混 6 铁锨细土做浮土,或待播种后用 800 倍的苗菌敌或普立克喷洒苗床。

播种后搭上小拱棚并覆膜,强光天气及时遮阴(可选用遮阴率 75%的遮阳网),大约 2～3 天就可出苗。此时要加强通风并逐渐缩短遮阴时间。当苗长出第一片真叶时就可以去膜(注意要早晨撤膜,千万不能下午撤膜,避免闪苗)。等苗长到三叶一心时移栽于 10 cm×12 cm 的营养钵里,放于提前设置好的拱棚内加强管理。

3. 老株移栽育接穗

在嫁接前 25 天前后,将茄子老株上半部分割去,约留 50 cm 左右高,同时摘除病老残叶,移栽于棚外(以便下一步棚内做土壤消毒工作)。待老株成活后,加强肥水管理,此时可冲施速效氮肥促生新芽,这个时期注意见花就打。出新芽后长出 3 叶片后就需摘心,再长新芽还是如此,以促生芽量,保证嫁接有足够的接穗。注意控制接穗芽老化,长到半木质化为最好。

4. 嫁接

当砧木苗长到 6～7 片叶,茎粗达到筷子粗细时就可准备嫁接。嫁接前 2～3 天,接穗(老株)及砧木苗都应喷一遍杀菌剂,以保证无菌苗的嫁接。

选用质量较好的剃须刀片,将砧木苗留2片叶横去头,在茎横切面中心竖直向下1~1.5 cm劈切,把接穗削成楔形(刀口斜面不能超过1.5 cm)插入砧木切口中,然后用圆形嫁接夹夹好,由专人放到苗床。

嫁接后的管理:嫁接后注意保湿、降温、遮阴。具体措施为小拱棚盖膜遮阴,3天之内不能见阳光。可以适当地在拱棚顶部放小风口,1天后可放大风口,第三天可以逐渐增大。但注意3天后可以早晚见光,接受光照时间也是逐渐加长。大约7~10天后基本成活,这时就可以准备定植了。

6.1.3 辣椒

一、品种选择

一般早熟栽培选用株形紧凑、早熟、较耐低温和弱光且抗病的品种,如苏椒5号、新丰4号、早丰1号、河南早椒等,早中熟的如卞椒1号、扬椒2号等。

二、苗床准备

辣椒育苗一般在大棚或温室内进行,苗床床土最好选择三年未种过茄科蔬菜的土壤。床土要过筛,每平方米苗床施优质有机肥10 kg。苗床高10 cm,要整平。

三、播种

1. 种子处理

为了保证辣椒出苗整齐,生产中常采用浸种催芽。具体做法是:将种子放在50 ℃~55 ℃的水中,保持5~20 min,并不断搅拌;为了保证在规定的时间有恒定的水温,可采取不断添加热水的方法;然后进行浸种,一般辣椒再浸种4~6 h,使种子吸足水分,然后催芽,催芽温度为25 ℃~28 ℃,4~5天即可发芽,当80%以上的种子发芽时,把温度降至10 ℃进行播前低温锻炼,准备播种。

2. 药剂浸种

为了防治炭疽病和细菌性斑点病,可先将种子用清水预浸5~6 h,再放入1%硫酸铜溶液中(硫酸铜1份,清水99份)浸泡5 min,然后捞出,用清水洗干净后进行催芽;也可用福尔马林(40%甲醛)150倍溶液浸种15 min后洗净催芽。为了防治病毒病,先将种子在清水中预浸4 h,捞出后再放入10%磷酸三钠溶液中浸20~30 min,或预浸5~6 h,浸种15 min。也可以用2%氢氧化钠溶液浸种15 min。

3. 播种期

早春栽培辣椒,一般大棚育苗在10月上旬至11月上旬;作地膜露地栽植的,播种在11月中、下旬,苗龄90~110天。

播种前苗床浇足底水,待水完全渗下后,覆一层细土,把发芽的种子均匀撒在上面,播种后覆土5mm,及时盖地膜、扣小拱棚,以增温保湿,促使早出苗。

四、苗期管理

1. 温度管理

白天温度控制在25 ℃左右,夜间12 ℃~15 ℃左右。当有60%~70%苗出土时揭去地膜。当中午温度升高时注意放风降温,防止烧苗。

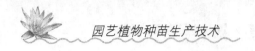

2. 水分

育幼苗的土壤湿度宜偏小。当幼苗 2～3 片真叶时,如土壤干旱可用喷壶喷水。4～5 叶时如干旱可将沟灌满水,使水慢慢渗到畦内土壤里。要灌透以减少灌水次数。

3. 分苗移植

幼苗长至 4～5 片真叶时进行分苗移植,按 7 cm×7 cm 的穴距移栽,每穴 1～2 株,穴间覆盖配好的苗床细土,填实。分苗后一周内,要保持白天气温 25 ℃～30 ℃,夜温 20 ℃,地温 18 ℃～20 ℃,相对湿度在 85% 以上。一周后,幼苗开始发根长新叶时,应逐步通风降温,增加光照。一般白天气温 20 ℃～25 ℃,夜温 15 ℃～16 ℃,地温 13 ℃～18 ℃。晴天要通风见光,延长通风时间,阴雨天也要在停雨时通风见光 3～4 h。为了满足幼苗水分和养分的供应,晴天中午适当施肥、浇水。浇水以湿透根系所在的土层为宜,施肥用稀释 10 倍的充分腐熟发酵的人畜粪尿,也可追施 0.2% 的氮磷复合肥。

4. 炼苗

为提高幼苗对定植后环境的适应能力,缩短缓苗时间,在定植前一星期应进行秧苗低温锻炼。方法是当幼苗长到定植大小时,在保证幼苗不受冻害的前提下,采用放夜风的方法逐渐降低夜温,同时适当控制水分,防止徒长,促进幼苗健壮,使定植后缓苗快,结果早。

5. 壮苗标准

苗高 20 cm,9～13 片真叶、叶色浓绿,茎秆粗壮、茎粗 0.6 cm,显大蕾未开花,根系发达、须根多。

6.2 瓜类蔬菜育苗技术

6.2.1 黄瓜

一、品种选择

春季早熟栽培黄瓜宜选择熟性早、对生长环境适应性强、高产、耐密植、抗病品种。目前适合保护地栽培的黄瓜品种很多,适于日光温室栽培的品种有津优 3 号、长春密刺、新泰密刺、津春 3 号等;适于大棚春季早熟栽培的有津优 1 号、津优 2 号、长春密刺、新泰密刺、津春 5 号等;适于夏秋栽培的品种有津优 4 号、津春 4 号、津春 5 号、津研 4 号、津研 7 号等。

二、苗床准备

早春黄瓜育苗,由于温度低,一般都在大棚、温室内进行,夜间采用小拱棚覆盖保温,温度低时,采用电加温线加温。

营养土的配制,要求营养土质地疏松,透气性好,养分充足,酸碱度适中,不含杂物。一般采用肥沃的三年内未种过葫芦科植物的园土 7 份,腐熟猪粪、马粪或厩肥 3 份,每立方米营养土中加入腐熟鸡粪 20～25 kg,肥土都要搅拌均匀过筛。

三、播种

1. 播种期的确定

大棚采用双层保温措施,播种期一般在1月10日~1月20日,苗龄40~45天。如果生产棚采用多层薄膜保温,播种期还可以提前10~15天。

2. 种子处理

播种前将种子倒入55℃热水,不断搅拌,水温降到30℃时浸泡5 h左右,捞出反复清洗,再用湿纱布包好,放入30℃的地方催芽,当70%发芽后即可播种。

3. 播种

（1）直播法。把催好芽的种子直接播在苗床上,一般每100 g种子播3~4 m^2的苗床面积。每亩需种量150~200 g,稀播可以防止高脚苗。播种要选择在晴天中午前后进行为宜。苗床先要浇透底水,播种时可将种子拌上细土进行撒播。撒种时可先粗播一遍,然后再进行补空,使种子播得稀密均匀,并尽可能将芽头朝下,播后盖上过筛的营养土,盖土的厚度1 cm左右,盖土太厚不易出苗,过薄幼苗易"戴帽",影响光合作用和幼苗生长。盖土后在苗床上每隔10~20 cm放1~2根稻草,然后盖上地膜,再拱上竹弓,盖膜保温保湿。

（2）营养钵法。将配好的营养土装入营养钵中,使营养土距钵口1 cm为宜,然后稍用手压实。营养钵一个挨一个摆放整齐。摆好后浇透水,等水下渗后即可播种。每钵1~2粒种子,覆盖1.5 cm厚营养土,然后再覆一层地膜。播种后地温要保持在20℃左右,室温25℃~30℃,2~3天即可出苗。

四、苗期管理

1. 播种后至移苗前的苗床管理

黄瓜苗期管理主要掌握好温度、光照、水分和通气四个方面的环节。其中温度是前提,出苗前温度要求白天25℃~30℃,不能超过35℃,夜间最低要在15℃以上,低于10℃不出苗。出苗前不要通风,如水分不足,要及时轻浇补水,以防幼苗"戴帽",并设法增加床温,晚揭早盖草帘,促进出苗整齐且壮实。

幼苗刚出土,对光和温度很敏感,持续高温和光照不强,易形成高脚苗,应及时揭膜通风。光照强度和光照时数是黄瓜幼苗雌花形成的重要条件,低温短日照是促进雌花分化的有利条件之一,每天要日照8~10 h。阴雨天也要揭开草帘,避免幼苗徒长。温度过高、日照过强时,要用草帘遮盖一下,避免幼苗晒伤。

这期间如遇连续阴雨天,床温低,湿度大,子叶会发黄,甚至萎蔫,要分期撒干土降湿,多见光,并适当通风。幼苗期一般不宜多浇水以及追肥,防止低温高湿造成泡根。如发现子叶不舒展,叶色深无光泽,说明土壤水分不足,应及时浇水。浇水应掌握轻浇勤浇,要看天气进行,应在晴天中午前后浇,阴天不能浇,也可往苗床上撒湿土,增加土壤湿度,待晴后再浇。这时期适宜的地温白天保持在20℃~25℃左右,夜间14℃~15℃,不低于12℃。保持一定的昼夜温差,才能促使幼苗健壮。

直播的待幼苗出土后6~8天,即子叶充分展开,要及时进行分苗。移苗前几天应把营养钵装好,摆整齐,钵与钵之间的缝隙用营养土补实,防止水分散失。在晴天的中午进行移苗,气温高易活苗。上午在苗床上浇适量水,以防拔苗伤根。移苗时,根系要舒展,栽的深度要适中,过深缓苗慢,过浅易倒伏,也不利扎根。移苗后立即浇足水,及时把薄膜盖严,让太阳晒一晒,保持棚内有较高的温度,这样苗就可以顺利过夜。移苗的关键主要是掌握好时间,选好天气,浇足底水,使幼苗处在高温、高湿环境中有利发根生长。

2. 分苗后的管理

移苗后保持4~5天不揭膜,白天只揭草帘或遮阳网等保温材料,大棚也不通风,幼苗在高温、高湿的环境中易于成活。如发现有部分幼苗子叶萎蔫,说明底水不足,可适量补水。如中午棚内温度超过32 ℃以上,要在塑料薄膜上适当盖草帘遮阴降温。这样经4~5天后看到叶片舒展,心叶长高,说明已长根,苗已成活。这时要逐步加大通风,逐渐降低棚内温度,白天保持在15 ℃~20 ℃,夜间在13 ℃~14 ℃,低温短日照,有利黄瓜幼苗的花芽分化,但也要保持有充足的阳光,因此,在保证温度的前提下,草帘尽可能早揭晚盖,延长光照时间,即使连续阴雨、雪天也要揭开大棚内的小棚让幼苗见光,仅有小拱棚的苗床,要力争在雨、雪间断时间把草帘揭掉,并在棚南头揭膜换气。切忌几天不揭膜不通风,否则等晴天突然见强光及大通风,幼苗经受不住,会造成生理失水后而死苗。浇水的原则,是不干不浇,并尽量在晴天中午前后浇水。在定植前,瓜苗叶色较浅,说明缺肥,要适当追1~2次稀粪水,也可结合浇水用0.3%的磷酸二氢钾进行叶面追肥。

幼苗长到3~4片真叶时,定植已近期,应逐渐加大通风量。外界气温已达15 ℃以上时,白天大棚要通风,夜间小棚薄膜可不盖,但有寒流来一定要盖,防止冷霜死苗。白天尽量延长日照时间,并适当提高苗床湿度,加快秧苗的生长。定植前一周,要进行低温炼苗,以适应定植后的大棚内或露地环境条件。

五、黄瓜嫁接育苗

1. 品种选择

选择品种应遵循品种自身既耐低温寡照,又耐高温高湿,表现为第一雌花出现早,单性结实能力强,瓜码密,品质好,抗病,丰产。生产上较多选用津春、津研系列品种。嫁接的砧木品种为黑籽南瓜。

2. 种子处理

播种前将种子倒入55 ℃热水,不断搅拌,水温降到30 ℃时黄瓜种子浸泡5 h左右,南瓜种子浸泡10 h左右,捞出反复清洗,再用湿纱布包好,放入30 ℃的地方催芽,当70%发芽后即可播种。

3. 播种

靠接是砧木黑籽南瓜迟于黄瓜4~5天播种;插接是砧木黑籽南瓜比黄瓜提早4~5天播种。一般每亩用接穗黄瓜种子150~200 g,南瓜种子1500~2000 g。配制营养土用肥沃田土5份,优质腐熟粪肥5份,配以速效性肥料,每方营养土加磷酸二氢铵0.5 kg,硫酸钾1 kg拌匀。接穗黄瓜播在育苗盘内,便于取苗,黄瓜可点播或撒播,注意芽向下,覆土1 cm;南瓜可直接点入营养钵内,一般用直径8~10 cm、高12 cm的营养钵,内装10 cm营养土,适当镇压,摆放在事先打好的育苗畦内,缝隙用细土弥严,然后浇透水,播种,覆土1.5 cm,扣膜提温。

4. 嫁接

(1)靠接。接穗播后13~14天左右,黄瓜第一片真叶半展开,砧木播后9~11天,子叶平展,为靠接适期。具体步骤:起出黄瓜和黑籽南瓜苗,去掉南瓜生长点,在南瓜上部距生长点下 0.5 cm 处向下斜切 35°~40°,深度为茎粗的一半,然后在黄瓜幼苗子叶下 1 cm 处向上斜切一刀,将两株切好的切口嵌合在一起,使黄瓜的子叶展在南瓜子叶上面,两株子叶相交呈十字形,再用夹子夹在接口处固定接穗和砧木,或用聚丙烯绳子缚接合口,用别针固定。嫁接好的苗,立即栽到苗床的钵内,栽时用干隔开根,使接穗和砧木的根保留一定距离,接口处高出地面 1.5~2 cm。及时浇水定根,随时扣棚保温。

(2) 插接。砧木事先摆在营养钵内,一般在砧木播后 10 天左右,砧木和接穗子叶平展时嫁接。方法是先去掉砧木的生长点及真叶,用与接穗茎等粗的竹签,从一侧子叶基部开始,向对侧朝下斜插 0.5 cm 左右,竹签不要戳通对面茎的表皮,而后选出适当的接穗,在子叶下 0.8~1 cm 处斜切至下茎的 2/3,切口长 0.5 cm 左右,接着在对面下第二刀,使茎断开,接穗成棋形,然后拔出竹签,插入接穗。

5. 嫁接后管理

嫁接后前 3 天,小拱棚内白天温度保持 30 ℃,夜间 25 ℃,地温 20 ℃以上,相对湿度 90%以上,上午 10 点到下午 16 点用草帘遮光。3 天以后逐渐降低温度,白天 25 ℃,夜间 15 ℃,相对湿度 70% 左右,并逐渐增加光照,7 天以后可去掉覆盖物。嫁接后 10 天左右,将黄瓜根切断,这时要适当遮阴,以防黄瓜苗打蔫。此期间要及时去除南瓜苗顶端再次长出的侧芽。定植前一周,可进行低温炼苗,夜间温度降至 10 ℃~12 ℃。早春在黄瓜长到 3~4 片真叶时就可定植。

6.2.2 西瓜

一、选用优良品种

适宜早春大棚种植的小果型西瓜品种有早春红玉、春光等;中果型西瓜品种有 8424、早佳 3 号、京欣 1 号、抗病苏密等,大棚西瓜长季节栽培建议选用中果型品种。

二、苗床准备

1. 设施选择

西瓜育苗一般在大棚或温室内进行,选择三年内未种过葫芦科植物的地块。早春温度低,采用电加温线加温,提高床温。

2. 营养土配制、消毒和制钵

营养土采用疏松透气、肥沃、无病菌、无虫卵、无杂草种子、保水保肥能力强、移栽时不易破碎并富含有机质的水稻土。营养土配制:按床土 90% + 腐熟猪粪 8%~10% + 过磷酸钙 1% 的比例混和。注意一定要使用腐熟的有机肥。营养土可用 30% 苗菌敌 800 倍溶液喷雾并拌匀。西瓜育苗最好采用直径 8~10 cm 塑料营养钵育苗,这样可以在定植时减少伤根,提高成活率。

三、播种技术

1. 浸种

一般采用温汤浸种方法,将晒种并精选过的种子放入 55 ℃的温水中,搅拌冷却后再浸 4~5 h,然后用清水冲洗。

2. 催芽

将洗净的种子用透气性好的湿纱布包好,置30℃恒温箱中催芽。若种子数量少,用湿纱布包好后放在贴身的内衣口袋中催芽。24 h 种子开始露白,露白即可播种。注意包衣种子都进行了消毒处理,可直接播种。

3. 播种期的确定

西瓜一般在1月中、下旬至2月初播种育苗,采用电加温线加温育苗和膜覆盖方法。

4. 播种

露白的种子即可播种。选晴天中午播种。播种时营养土应湿润,每钵播一粒种子,种子平放,然后覆盖1 cm左右拌有药剂的盖籽泥。播后钵体上覆一层地膜,再撑小环棚,夜间覆盖草帘或无纺布以防霜冻。采用多膜覆盖,播前钵体应加温预热,高温高湿有利出苗。出苗时,如出现种壳不脱落的"带帽"现象,可在早晨种皮比较湿润且软时进行人工摘除。

四、苗床管理

1. 温度管理

从播种到出苗要求较高的温度。一般要求苗床内须达到30℃,以保证早出苗。出苗到真叶长出要求低温管理,床内气温白天为22℃～25℃,夜间为14℃～15℃。如果夜温过高,则易引起"高脚苗"、"徒长苗"。真叶长出到定植前7～10天,要求相对较高的温度,以促进幼苗的生长,这个时期要求白天苗床内气温25℃～28℃,夜间为15℃～18℃。定植前7～10天,是炼苗阶段,要求幼苗逐渐适应定植环境的温度条件,管理上要使苗床温度逐渐降低。

2. 光照管理

苗床保持良好的光照是培育壮苗的关键。增加苗床光照的措施是早揭、晚盖覆盖物,即使在阴天情况下白天也应揭膜,以增加苗床的光照时间。

3. 通风管理

苗床通风可与苗床温度管理结合进行。当苗床内温度达到所需温度时,就应揭开薄膜降低床温(即同时达到通风目的)。

4. 水分管理

苗床一般不浇水,如出现床土落干现象,应及时浇水。床土一旦缺水,幼苗则会生长缓慢,真叶变小。

5. 病害防治

西瓜的苗期病害主要是猝倒病、立枯病、炭疽病等。对苗期病害应采取综合防治措施。首先,应进行种子消毒;其次,应采用无病菌床土,有机肥应充分腐熟;第三,科学的苗床管理,使苗床内保持适宜的温度和湿度;第四,发生病害后应及时用药剂防治,可用苗菌敌、普力克、百菌清、甲基托布津、杀毒矾、阿米西达、百克、适乐时等药剂防治。

五、西瓜嫁接育苗

1. 选用适宜砧木

可作西瓜砧木的材料有野生西瓜、葫芦、瓠瓜、南瓜等,采用顶插接更适合于葫芦砧。砧木要成活率高、无死秧现象,对果实品质无不良影响。

2. 选用品种

选择适合当地种植的增产潜力大、品质好的高档西瓜品种。无籽西瓜可选用黑蜜5号、鲁青1号等,早熟西瓜可选用郑杂5号、京欣1号等,中熟品种可选择庆红宝、西农8号、庆发8号、金钟冠龙等,特种西瓜可选用黄皮或黄肉品种。

3. 嫁接

(1) 嫁接前配制营养土。将无病菌、无毒并多年未种过瓜的田土和腐熟的厩肥或堆肥,按2∶1的比例混合均匀,过筛后装入营养钵中。

(2) 播种砧木和接穗。嫁接栽培西瓜的播种期比常规栽培提早5~7天。插接法先播砧木苗,5~7天后或在砧木苗出土时再播西瓜苗。砧木和西瓜种子都要进行种子消毒和催芽。出芽后,砧木播到营养钵中,每钵1粒。西瓜种子播在苗床的一端或播在育苗盘中。冬季播种后,最好将营养钵或育苗盘放在温度较高的冬暖大棚或温室中,以促进出苗。当接穗西瓜两片子叶展开、砧木苗第一片真叶出现到完全展平为嫁接适宜时期。嫁接前将苗床浇透水,用500~700倍的多菌灵溶液对砧木、接穗及周围环境进行消毒。

(3) 嫁接适期。接穗的子叶完全展开,第一片真叶显露时,砧木在两叶一心时为嫁接适宜时期。砧木提早摘心可大大提高嫁接苗成活率,即当砧木真叶1.5 cm宽时进行摘心,最迟应在嫁接前3~4天摘心,切除生长点。嫁接育苗的苗龄一般40~45天。嫁接伤口有一段愈合期。

(4) 嫁接准备。嫁接前一天上午苗床喷水,使空气湿度达到饱和,下午苗床用64%杀毒矾400~500倍溶液和50%甲基托布津800倍溶液混合液喷洒。

(5) 嫁接方法。嫁接方法有顶插接、劈接、靠插接等。顶插接操作方便,成活率高,工效高。具体操作如下:首先用消毒刀片去除砧木的真叶和生长点;再用扁竹签,自砧木两子叶间斜插下去,略透茎外,约1.5~2.0 cm深,暂不拔出;然后用刀片在接穗的胚轴下、离子叶1.0~1.5 cm处向根部方向斜削一刀,斜面长1.0~1.5 cm,然后将接穗翻转,重复上述削法,使削面成木楔形;随即拔下砧木上的竹签,立即将接穗插入砧木,适当紧实即可。将嫁接好的苗子放入小拱棚中。

(6) 嫁接后管理。

① 保温。幼苗嫁接后应立即栽入小拱棚中,及时将棚盖好。一般嫁接后3~5天内,白天24 ℃~26 ℃,夜间18 ℃~20 ℃。3~5天后,开始通风,并应逐渐降低温度,白天可降至22 ℃~24 ℃,夜间12 ℃~15 ℃。

② 保湿。嫁接后3~5天小拱棚内空气湿度控制在85%~95%。营养钵内湿度不宜过高,否则易烂苗。

③ 遮光。苗床光照过强、温度过高时,易使接穗凋萎。因此,在温度过高时应适当遮光。一般在嫁接后2~3天中午覆盖遮光,早晚光照较弱时可撤除覆盖物使幼苗接受散射光。以后逐渐增加见光时间,7~8天后可不再遮光。

④ 通风。嫁接5~7天后,嫁接苗开始生长时,可进行通风。开始通风时,通风口和通风量要小,以后逐渐加大,9~10天后可大通风。插接法应及时除去砧木子叶节所形成的侧芽,在嫁接后每2~3天检查一次,防止侧芽长成。

当接穗长出新叶,可恢复常规管理,同时及时摘除砧木的新生腋芽,当嫁接苗长到三叶一心时,经锻炼后准备定植。定植前1天喷杀虫、杀菌药进行预防。

6.2.3 冬瓜

一、品种选择

在本地区应选择结瓜早、节间短、抗病耐寒的早熟品种,如早熟青皮冬瓜等。

二、播种

1. 种子处理

冬瓜种皮厚、发芽慢,浸种的水温、发芽温度都比黄瓜高。一般种子经过粒选,用凉水泡半个小时,把种皮外面的蒙古液搓掉洗净,放在60 ℃~70 ℃的热水中浸泡并不断搅拌,待水温降到32 ℃~35 ℃时,放在25 ℃~28 ℃的地方再浸泡20~30 h,捞出种子控干,用湿布包好种子放到26 ℃~28 ℃的温度条件下进行催芽。每天用清水漂洗1次种子,1周左右出芽。

2. 播种

冬瓜的苗龄长,一般需要70~80天,冬瓜喜温且抗寒力较差,种子发芽温度25 ℃~30 ℃,低于15 ℃发芽不正常,因此在本地区播种时间不宜太早,一般在2月中旬播种。一般采用营养钵育苗,但床温要比黄瓜高,一般在20 ℃~25 ℃,不能低于15 ℃,在这样床温条件下,经7~8天就可出苗,最迟15天出齐苗。

三、苗期管理

冬瓜对光照、温度、水分、肥料要求比黄瓜严格,所以在苗期管理应充分满足它的要求。播种到出苗前,白天气温要保持在28 ℃~30 ℃,夜间不低于18 ℃,地温保持在18 ℃~20 ℃。出苗后到移苗前,白天气温可降低3 ℃,夜间在16 ℃以上。

幼苗出齐以后,生长较快,待两片子叶展开时,及时移苗,使每株幼苗能有足够的营养面积,防止互相拥挤造成高脚苗。移苗方法同黄瓜、西葫芦,只是移苗后至缓苗前,要适当提高温度,加速缓苗,白天最好在25 ℃左右,夜间不低于18 ℃。移苗活棵后,温度可保持在20 ℃~25 ℃之间,直到定植前7~10天,进行低温炼苗,白天气温保持18 ℃~22 ℃,夜间不低于10 ℃~14 ℃。在这期间可把营养钵之间加大距离,不仅增加营养面积,还可切断营养钵与土壤的连接,防止徒长。

冬瓜苗龄较长,在70~80天的生长时间里,要保证瓜苗正常生长,必须给以充足的水分。在移苗前,基本不浇水,移苗活棵后,视苗情和天气适当浇1~2次稀粪水。以后随着外界气温的升高,逐渐增加浇水的次数,浇水时间掌握在晴天中午。至定植前7~10天,由于气温升高,可在下午浇,待苗有4~5片真叶时,应"控温不控水",就是用变温来调节瓜苗大小,而对水分不控制,尽量满足苗的生长需要。冬瓜苗长期缺水,不利根系生长,定植后缓苗慢,给以后生长发育造成障碍,从而影响早熟丰产。

6.2.4 西葫芦

一、品种选择

保护地栽培的西葫芦应选择节间短、生长快、雌花节位低、结果早且丰产抗病的矮生短蔓品种,如早青一号等。

二、播种

1. 种子处理

为了保证西葫芦出苗整齐,增加西葫芦幼苗的抗逆性,常常采取的措施有晒种、浸种和催芽。

(1) 选种和晒种。种子应进行检查,应挑选纯度高、颜色均匀的种子,在浸种前应晒种 2～3 天,以提高种子的发芽势,促进幼苗的健壮、齐全。

(2) 种子消毒。常用的消毒方法有杀菌剂处理、烫种、干热处理等。用 0.1% 的高锰酸钾浸种 15～30 min,可防病毒病的发生,用 50% 多菌灵 500 倍稀释液浸种 1 h 可防止枯萎病,用 40% 的福尔马林 100 倍稀释溶液浸种 20 min,浸种后捞出密闭 2～3 h 可防枯萎病、炭疽病等。

(3) 浸种。消毒后的种子取出后洗净,即可放到 30 ℃ 左右的温水中浸泡,并保持一定的时间,促使种子在短时间内吸足发芽所需的绝大部分水分。亦可采用温汤浸种(详见黄瓜育苗)。

(4) 催芽。经过 6～8 h 的浸种,将西葫芦的种子捞出后晾干,用湿沙布包好,放在 25 ℃～30 ℃ 的条件下催芽,待芽露出 0.1 cm 时,可进行播种。

2. 播种

适宜的播种期很重要。一般以 25～28 天的苗龄来确定播期。温度高的夏秋播种可以掌握苗龄在 25 天左右,温度低的冬春育苗可以掌握苗龄在 30 天左右。在苏中地区一般采用温室(加地热线)或大棚冷床营养钵育苗。大棚栽培的一般在元月上、中旬播种。如用地膜加小棚覆盖栽培的应在 2 月上、中旬播种为宜。西葫芦栽培每亩需种量为 300 g 左右。

西葫芦的播种一般采取营养钵育苗法。播种后应保持 25 ℃ 左右的气温,16 ℃～18 ℃ 的地温,不需要通风,经 5～6 天就可以出齐苗。

3. 苗期管理

西葫芦幼苗生长快,当幼苗出齐后,及早揭去地膜,棚内要适当通风换气,降低棚温,防止徒长成高脚苗。子叶发齐后,白天保持 20 ℃～22 ℃,夜间 12 ℃～14 ℃,当子叶充分展开、刚有心叶时,选晴天中午移苗至营养钵内。移苗前先浇一点水防止拔苗伤根。移苗后浇透水扣小棚,移后 3～4 天,温度要保证白天 23 ℃～25 ℃,夜间 16 ℃～18 ℃,促使早缓苗。缓苗后,逐渐把温度降下来,白天 20 ℃～25 ℃,夜间不低于 14 ℃,至幼苗一叶一心期,视苗情在晴天中午浇 1～2 次清粪水。一般在苗期少浇水,保持营养钵内不干不湿。

当苗长到 3～4 片真叶时,叶片大,水分蒸发快,需水多,要及时补充水分,防止幼苗萎蔫,给定植后生长发育造成影响。在苗期,要让苗多见阳光,因为幼苗见光充分,能提早第一雌花开放时间。因此,小棚上的薄膜及覆盖材料视天气情况早揭晚盖。

定植前一周,要进行低温炼苗,白天 16 ℃～18 ℃,夜间 7 ℃,不低于 5 ℃,大棚内可以不盖小棚,但有霜冻时要防止冻害。秋冬在日光温室栽培西葫芦时其育苗正是高温、多雨季节,其育苗管理方式略区别于冬春育苗,育苗时应加强遮阴、防雨和降温。

6.3 豆类蔬菜育苗技术

6.3.1 菜豆

一、品种的选择

设施栽培菜豆品种一般要求熟性早、株形紧凑、适宜密植等特性。菜豆蔓生种有扬白313、超长四季豆、长白7号等,矮生种有推广者、供给者、美国芸豆、地豆王1号等。

二、苗床准备

优质的营养土必须肥沃,具有良好的物理性状,保水力强,空气通透性好。营养土的配制:选用没有种过豆类蔬菜的田土或粮食作物回土和优良的腐熟厩肥,配制比例为:肥沃田土6份,腐熟的有机肥4份,每立方米加入过磷酸钙5~6 kg,草木灰4~5 kg。将上述肥料整细过筛混合在一起,掺入0.05%敌百虫和多菌灵,堆积10天左右。营养土堆制一般在夏季6~8月份,经高温发酵而成。菜豆育苗的关键是保护好根系,如果根系受损伤,往往因再生能力差而影响成活率。菜豆播种一般采用营养钵育苗,将营养土装入塑料营养钵内,整齐排在苗床上,待播。

三、种子处理与播种

1. 精选种子

精选种子是保证发芽率高、发芽整齐、培育壮苗的关键。要选籽粒饱满、种皮有光泽、无病虫危害的种子。陈种子发芽率和发芽势均弱,不宜采用。每亩菜豆用种量蔓生品种为2.5~3 kg,矮生种为4~5 kg。

2. 种子处理

播种前要晒种1~2天,使种子充分干燥,可促进种子吸水发芽。用0.1%硫酸铜水溶液浸种15 min,捞出后用清水冲洗种子表面的药液,或用55 ℃热水烫种5 min,然后加入冷水,达到25 ℃~28 ℃,泡种3~4 h,捞出种子晾后即可播种。由于菜豆胚根对温度、湿度比较敏感,为避免伤根,一般不进行催芽。

3. 播种

菜豆播种期一般是根据栽培设施条件和上市期来推算的,要求大棚内气温不低于5 ℃,10 cm深处地温不低于10 ℃~12 ℃,并且能稳定1周左右。在长江流域播种期一般为2月上旬至2月下旬。

用营养钵育苗,装入营养土后,每钵放入种子2~3粒,上盖1 cm厚细土,并用地膜覆盖保温增湿。白天温度控制在25 ℃~30 ℃,夜间18 ℃~20 ℃,约5~6天出苗。出苗后,抓紧通风排湿,防止幼苗上胚轴伸长。

四、苗期管理

出苗后,要特别注意温度与湿度的管理,出苗率达85%以后要及时通风排湿。通风口要由小到大,逐渐降温,防止大风扫苗。待子叶展平、初生真叶展平后,控制白天温度 25 ℃～28 ℃左右,夜间 12 ℃～13 ℃,经 10 天左右的时间,每个营养钵内留 2 株苗为宜。

用营养钵育苗,营养土容易缺水,要时常观察苗情,及时补充水分。苗床浇水要选择晴天中午,并拉开营养钵之间的距离,加大通风透光,防止徒长。育苗期间棚室农膜要清洁,早上要及时揭帘。阴雨天,也要尽量揭帘,增加光照。

苗床内发现病虫害要及时用药,如遇阴雨天气可用烟熏剂。

早春大棚菜豆栽培气温较低,为增加幼苗的抗逆能力,需进行炼苗,时间 3～5 天。炼苗时白天提高温度增加通风量,使叶片加大蒸腾作用,夜间适当降低温度,锻炼其耐寒能力。

6.3.2 豇豆

一、品种的选择

豇豆品种蔓生的有扬早旺 12、特早 30 等,矮生种有绿柳、美国无支架等。

二、播种

豇豆适合的栽培季节是在温暖和高温时节,长江流域以及南方地区,春、夏和秋季均可栽培。一般夏、秋季大多以直播为主,春季以育苗为主。育苗在保护地内进行,采用营养钵育苗。长江流域一带一般在 3 月中、下旬播种,华南地区可提早到 2 月播种。播种量每亩 2.5～4 kg 左右,播种时原则上不浸种,不浇水,以防春季多雨、床土湿度大而引起烂籽。

三、苗期管理

豇豆苗龄控制在 20～25 天,苗期温度白天控制在 28 ℃～30 ℃,夜间维持在 22 ℃～25 ℃。

分苗移栽在秧苗第一对真叶展开前进行。早春大棚豆类栽培气温较低,为增加幼苗的抗逆能力,需进行炼苗,时间为 3～5 天。炼苗后达到豇豆幼苗生长点和最上面的一片叶平齐、叶片色泽深绿为最佳标准。

6.4 白菜类蔬菜育苗技术

6.4.1 甘蓝

一、品种选择

春甘蓝栽培一般选择早熟、冬性强的品种,如春丰、中甘 8 号、争春、中甘 11 号、中甘 12 号、洛甘 1 号等;秋甘蓝栽培,应选择中晚熟、高产的品种,如晚丰、京丰 1 号、中甘 8 号等;夏甘蓝栽培,应选择耐热抗病品种,如夏光、夏王、黑叶头等。

二、苗床选择

夏季育苗选前茬作物两年内没种过十字花科作物,肥沃的菜园土,地势高燥,透风凉爽,排灌良好的沙壤土。育苗地一定要深翻几次,加少量腐熟有机肥,使土壤细碎、松软。播种前施足基肥后深耕细作,做成10~15 cm高的畦,畦面宽一般为90~120 cm,畦长随实际情况而定。

三、播种

1. 播种期确定

春甘蓝露地育苗的播种期应严格掌握在10月上旬,控制越冬苗大小,避免先期抽薹,苗龄30~40天。温床或大棚育苗可将播种期安排在12月下旬到1月上旬。伏甘蓝的播种期从3月中旬到5月下旬均可,苗龄30天左右。秋甘蓝的适宜播种期为7月上、中旬,晚熟种不能迟于7月中旬,早、中熟种不能迟于7月下旬。迟苗的要加强肥、水管理,否则不能包心,苗龄35~40天。

2. 播种技术

播种前先浇足底水,待水下渗后将种子均匀撒播在苗床上,浸种催芽的种子最好掺一些干细土,这样撒播比较均匀。然后覆盖0.5~1 cm厚的过筛细土。冬季12月至1月播种育苗的要覆地膜,以利保温保湿,促使早出苗。大棚育苗的可套小拱棚,提高苗床温度,促使发芽。秋甘蓝育苗,由于气温高、蒸发快,除采用遮阳网遮阴外,还须每天浇水,保持苗床湿润。播种后3~4天就开始出苗。一般每亩用种量为35~50 g。

四、苗期管理

冬播春收的品种在设施内,一般白天保持温度在20 ℃~25 ℃,夜间不低于15 ℃,促使早出苗。出苗后及时揭去地膜,以防徒长和正午的高温烧苗。待苗龄达二叶一心时,准备分苗,否则易形成徒长苗。最好将秧苗假植在6~10 cm口径的营养钵中。具体是将营养钵装满营养土,排放整齐,秧苗移栽后,浇足缓苗水。适当提高苗床温度,加快缓苗,一般3~5天缓苗结束。缓苗后则要适当通风降温、排湿,白天温度不高于25 ℃,尽量少浇水,土壤见干见湿,控促相结合,以控为主。通风时,应注意尽量选背风面为通风口,以防秧苗受冻。苗龄35~40天。定植前7~10天,要大通风,注重低温炼苗,准备定植。

夏播秋收的品种,为了降温和防大雨冲刷,苗床应采用遮阳网遮阴。出苗前采用浮面覆盖,每日早晚浇水1~2次,保持苗床湿润;当出苗达到一半以上时,开始揭盖遮阳网,改为小拱棚覆盖,晴天的上午一般10:00左右盖帘,下午4:00左右揭去,阴天则不盖帘。7~10天后苗基本出齐,子叶转绿就可以逐渐去掉遮阳网,但要注意天气变化。若有暴雨时,则应盖上遮阳网,以防秧苗受害。出齐苗后再撒少量细土,可防畦面龟裂,有利于保墒和幼苗生长。当幼苗长到一叶一心时及时分苗,苗距10 cm,分苗时间应选择阴天或晴天的下午3:00~4:00,分苗后立即浇水。最好遮阴3~5天,以提高成活率。缓苗后应注意松土蹲苗,促进根系的发育,防止秧苗徒长。当苗龄达到40天左右、秧苗具5~6片真叶时定植。定植前壮苗的形态是:叶丛紧凑,节间短,具6~8片真叶,叶色深绿,根系发达。

6.4.2 结球白菜

一、品种选择

结球白菜作春季栽培宜选择早熟、不易抽薹的品种;作秋季栽培的宜选择耐热性强的中晚熟、丰产、抗病品种。

二、苗床准备

在前作物未能及时腾地时,则采用育苗方式。苗床应设在利于排灌的地块。定植一亩地需育苗床 30~35 m²。将苗床做成 1~1.5 m 宽的低畦,施入 250 kg 充分腐熟的厩肥、1.5 kg 过磷酸钙、5 kg 草木灰,翻地 15 cm 深,使粪土混匀。耙平畦面,浇透底水,水渗后将种子与 5~6 倍细沙混匀后撒种,再用过筛细土覆盖 1 cm 厚。

三、播种

结球白菜以秋季栽培为主,可直播或育苗移栽,根据不同的熟性,播种时间在夏季或初秋。由于育苗移栽需要一定的缓苗期,育苗时应比直播白菜提早 3~5 天播种。结球白菜夏季育苗宜采用遮阴降温方法。同时要加强护根措施。播种量每亩 50~100 g,苗期 15~25 天,秧苗有 3~8 片真叶时均能定植。在长江流域春季栽培,播种时间大约在 2 月至 3 月上旬。春季育苗要严格掌握温度,以防秧苗通过春化而抽薹,一般不低于 10 ℃。

四、苗期管理

1. 浇水

播种后若墒情好,在发芽期间可不浇水;若底墒不足或遇高温干旱年份,宜采取"三水齐苗,五水定棵"的浇水方法,即播种后浇一次水,幼苗开始拱土时浇第二次水,子叶展开后浇第三次水,间苗、定苗后各再浇一次水。

2. 查苗补苗

齐苗后及时检查苗情,若有漏播或缺苗,应立即从苗密处挖取小苗补栽,不宜补种,以免苗间长势差异过大。

3. 间苗、追肥

播后 7~8 天,幼苗拉十字时进行第一次间苗,苗距 7~8 cm,间苗后结合浇水追施少量氮肥提苗。当幼苗长有 4 片真叶拉大十字时进行第二次间苗,苗距 15 cm,间苗后结合浇水对长势较弱的幼苗偏施氮肥提苗。5~6 叶时进行第三次间苗,间苗时要选留壮苗、大苗,淘汰弱小苗、病苗和杂苗。团棵时定苗,株距依品种而定:大型品种 50~53 cm,小型品种 46~50 cm。

6.5 绿叶蔬菜育苗技术

6.5.1 芹菜

一、品种选择

芹菜应选择叶柄长、纤维少、丰产、抗逆性好、抗病虫害能力强的品种,如津南实芹、玻璃脆芹等。

二、苗床选择及准备

选择排灌方便、土壤疏松肥沃、保肥保水性好,2~3年未种植伞形花科作物的田块作苗床。每平方米施入腐熟有机肥 25 kg,氮、磷、钾 15∶15∶15 复混肥 100 g,加多菌灵 50 g,翻耕细耙,做成畦宽 1~1.2 m,沟宽 0.3~0.4 m,沟深 0.15~0.2 m 的高畦。

三、播种

1. 浸种催芽

为达到出苗快、苗全、苗齐的要求,播前 7~8 天,可进行浸种催芽。春季育苗时,将种子用温水浸 12~14 h,使种子充分吸水。然后,将种子揉搓并淘洗数遍至水清为止,捞出沥净水分,用透气性良好的纱布包好,再用湿毛巾覆盖,放在 15 ℃~20 ℃ 温度下催芽。

夏季育苗,宜采用低温催芽,可将净种、晾好的种子装入湿布袋内,放在冰箱冷藏室内经过 16 h 的 5 ℃ 低温,或吊挂在井内水面上 40 cm 高处 16 h 后,放在室内催芽。催芽期间,每天将种子翻动一次,使布袋内的种子温、湿度均匀。有一半以上种子发芽时,即可播种。

2. 播种

根据芹菜喜冷凉气候的特点,大部分地区多以秋播为主。长江流域从 6 月中、上旬开始播种,直到 10 月下旬。6~8 月播种的,在 9 月中、下旬到 12 月下旬收获,播种稍迟的除当年供应外,也可延长到翌年早春。秋播于 7 月中、下旬为好。选择阴天或晴天下午 3∶00~4∶00 后播种,防止烈日高温,播种后进行遮阳网覆盖,搭阴棚降温,创造冷凉条件,或在瓜、豆等高秧架下套种芹菜,或与其他叶菜类混播,以达遮阴降温的目的。

抽薹晚的品种在 1 月份到 3 月上旬播种。早春育苗用塑料薄膜进行短期覆盖,以减少低温影响,避免未熟抽薹。春播不宜迟,以避免生长盛期适逢高温。选地势较高,排灌方便,疏松、肥沃的土壤作育苗床。施足基肥后,整地作苗床,苗床宽 1~1.5m,浇足底水后播种,播种量约为 3 g/m²,每亩苗床播种量为 2 kg。播种时掺细土,做到均匀播种,播种后搂干、压实。

四、苗期管理

春季播种的品种,外界气温较低,为促使早出苗、齐苗,可在小拱棚内播种,畦面覆盖地膜。出苗前应保持较高温度,当 50% 以上芹菜出苗后应及时揭去地膜。出苗后,视苗床情况,浇施水肥。控制苗床温度白天为 20 ℃~25 ℃,夜间不低于 8 ℃。做好化学除草工作,防止草害。当苗高 10 cm、4~5 叶时可分批间苗移栽,间苗后苗床浇施稀肥水,促小苗生长。

秋季播种后,土面覆盖一层潮草帘或二层遮阳网,天气干旱时每天要浇水。出苗后搭小拱棚覆盖遮阳网,早盖晚揭,经常浇水,保持土壤湿润。以后视生长情况追施水肥。当幼苗第一片真叶展开后,可适当减少浇水次数,并撤除遮阴的覆盖物。为避免突然撤覆盖物,使秧苗见强烈日光而受灼伤,覆盖物最好于下午 3∶00~4∶00 时撤下,必要时配合浇水,苗床保持湿润状态,可免于受害。田间及时清除杂草,当苗高 10 cm、4~5 叶时,可分批间苗移栽,间苗后浇施稀粪水,促小苗发棵。

6.5.2 莴苣

一、品种选择

春莴苣宜选择抗寒性强、耐抽薹、丰产的品种,如尖叶青莴苣、春秋二白皮等品种。

夏莴苣生长正值高温季节,须选用耐热、抗抽薹品种,如特耐热大白尖叶、特耐热二白皮、南峰1号等。

秋莴笋应选择耐热、耐抽薹、商品性好的品种,如雁翎、特耐热二白皮、特耐热大白尖叶等品种。

二、播种

1. 种子处理

莴苣育苗播种前应通过风选或水选,把瘪籽除掉,用充实饱满的种子播种。冬春保护地育苗可用干种子直播,也可浸种催芽后播种。夏秋季育苗因出苗率低,应进行种子低温处理后播种。其方法是:先浸种 12 h,然后用纱布包好放入冰箱内(2 ℃~5 ℃)冷冻处理或吊在井内(注意不要接触水),每天翻1次,待芽催出后即可播种。也可采用300 mg/L 左右赤霉素或 500 mg/L 左右的乙烯利促进莴笋的发芽,其效果与低温处理相似。

2. 播种期

莴笋基本上能达到周年生产,其播种期可根据各地市场需要、气候条件变化、栽培季节而定。华中、华东等地区春莴笋一般在9~10月间播种,苗龄40~60天;夏莴笋一般在4~5月间播种,苗龄25~35天;秋莴笋一般在7~8月间播种,苗龄25~30天。

3. 播种

冬春季播种 2~3 g/m²;夏秋季播种 3~3.5 g/m²。播种应防止稀密不均。种子很小,盖土厚度 0.5 cm 左右。播前应一次浇足底水。冬春播种出苗前应进行地膜覆盖保温、保湿;夏秋季播种,应地面覆盖遮阳网降温、保湿。出苗后揭除地膜或遮阳网。

三、苗床管理

播种至出苗期间保持床土温度 15 ℃~18 ℃,幼苗期白天气温不超过 20 ℃,夜间 5 ℃~10 ℃为宜。子叶出土至真叶破心期易徒长,温度应当稍低些。苗期浇水应小水勤浇,以保持床土湿润。夏秋季育苗应防暴雨冲淋和高温干旱,可采用防雨育苗和遮阳网覆盖育苗。一般晴天上午8时至下午4时盖遮阳网,晚上或阴天全天揭网。干旱天气应在早上及傍晚勤浇水,可结合浇水追肥。一般追施稀人粪1~2次,也可用 0.3% 的磷酸二氢钾叶面追肥。

幼苗间苗 1~2 次,苗距 3~4 cm。夏秋季更应防止秧苗过密而徒长,至2~3片真叶时分苗,苗距 6~8 cm。冬春秧苗在6~8片真叶时定植。夏秋秧苗及越冬秧苗 4~6 片真叶时定植。

6.6 葱蒜类蔬菜育苗技术

6.6.1 韭菜

一、品种选择

韭菜应选用抗病虫、抗寒、耐热、分株力强、外观和内在品质好的品种,如汉中冬韭、马鞭韭、791等。

二、苗床选择

韭菜苗床宜选择杂草少、上年未种过大葱、洋葱等葱蒜类蔬菜的沙壤土田块育苗。施足基肥后,整地、作畦、开沟,畦宽1 m,沟宽20~30 cm,沟深2 cm。

三、种子处理与播种

1. 种子处理

韭菜一般采用干籽稀播,为使其出苗快,播种前一般采用浸种催芽。选择新种子用40 ℃的温水浸泡,不断搅拌,水温降到30 ℃以下时,静置浸泡8 h,再用清水将种子搓洗干净,摊开晾一会,使种子表面过多的水分散发。然后将种子用湿布包好,放在15 ℃~20 ℃的温度条件下催芽。催芽期间,每天用清水将种子淘洗一次,5~7天以后,部分种子露白时,即可播种。

2. 播种

韭菜对气候的适应性较强,一般从3月下旬到8月均可播种。长江中下游地区一般于清明左右,采用地膜覆盖育苗。播种可采用撒播或条播法,一般采用条播法。播种前苗床浇足底水,水渗后将种子掺上细沙土均匀播种,每亩用种量1.5 kg。播后覆土2.5 cm,踏实后覆盖地膜,70%幼苗顶土时撤除床面覆盖物。

四、苗期管理

韭菜苗期管理主要是拔草、浇水、施肥。韭菜出土后,揭去地膜,搭小拱棚覆盖,因子叶和幼根细弱,应继续保持畦面湿润,避免畦土过干造成死苗,大雨后则要及时排水,温度以促为主。

因韭苗生长缓慢,常受杂草危害,苗高4~6 cm时,应结合中耕松土、除草、追肥,每亩苗田追施硫酸铵7.5~10 kg。为节省除草用工,可在播种后出苗前,用33%施田补600倍稀释溶液芽前处理土壤。后期控温不控水,定植前7天停止浇水。

6.6.2 洋葱

一、品种选择

在生产上,洋葱根据颜色分有黄皮和红皮两类。不同品种有各自的优点,在选择品种时要根据本地的种植习惯和市场的需求科学安排。黄皮品种具有肉质细嫩、味甜而带辣味、耐贮运等优点,品质佳,但产量略低。黄皮洋葱有连葱3号、港葱1号等。红皮宜选择辣味浓、产量高的品种,如北京紫皮葱头、上海红皮、西安红皮洋葱等。

二、苗床准备

苗床应选择土质疏松、肥沃、保水性强,2~3年内未种过葱、蒜类蔬菜的地块。每亩大田需苗床35 m^2左右,播种前要施足腐熟的基肥,再配施含有氮、磷、钾的三元复合肥,每分地按照2~3 kg撒施后翻耕,精细整地,做成1.5~2.0 m宽的畦,浇透水,待播。

三、适期播种

洋葱属绿体通过春化的植物,掌握适宜的播种期很重要。如果播种太早,冬前秧苗过大,翌年春季早春抽薹率高,导致减产;若播种太晚,虽可控制抽薹,但营养体太小,越冬期间易受冻害,产量低。长江流域播种期为9月中下旬。在这个播期范围内,红皮品种可适当早播,黄皮品种适当晚播。洋葱一般采用干籽播种法,不需浸种催芽。为了加快出苗,播种前用清水浸种12 h,捞出种子稍晾后即可直接撒播。用种量6~8 g/m^2,播后搂平、踏实。盖土后,每亩苗床可用33%的除草通100 mL喷雾,防除苗床的杂草。

四、苗期管理

出苗前一般不浇水,苗齐后浇一次,只要育苗畦不过于干旱,尽量少浇水,勤除草,促进洋葱苗根系生长。洋葱苗2片真叶期,若育苗畦地力较差,秧苗生长缓慢时,可追施稀肥水。若秧苗生长偏旺,则不要追肥,并控制浇水,避免秧苗长得过大。一般洋葱苗达到4片真叶、株高20~25 cm、叶鞘直径6~7 mm时就可定植了。

6.7 多年生蔬菜育苗技术

6.7.1 香椿

一、品种选择

香椿以嫩叶的颜色不同分为红椿、褐椿和绿椿三种,主栽品种有红叶椿、红芽绿香椿、黑油椿、红油椿、褐香椿等。

二、苗床准备

育苗要选择肥沃的壤土或沙壤土作育苗地,育苗时间一般在春分清明之间。先整地作畦,畦东西向,宽1~1.2 m,长度因地而异,畦面施足有机肥,然后翻入土中,拉平耙细,播种前4~6天灌水造垄,插好拱条,覆盖薄膜提温,然后播种。

三、播种

1. 种子处理

播种前种子要催芽,即用手将种子的膜质翅搓掉,然后用40 ℃~50 ℃的温水浸种4~5 h,再用温水清洗一次,用湿纱布将种子包好放在25 ℃左右的环境下催芽。催芽过程中每天用

25 ℃～30 ℃的温水冲洗种子一次,去除种子分泌的有害物质,当30%～40%的种子露芽后即可播种。

2. 播种

春播采用条播或撒播。条播先开沟后浇小水,待水渗下后播种,覆细土1.5～2 cm。为防天气干燥,春播覆土后在畦面上覆地膜或麦秸等保墒。播种时将催过芽的种子与沙以1∶1的比例混匀,使播种均匀。每亩播种量为1.5 kg。

四、田间管理

1. 温度管理

设施育苗要严格控制温度。一般发芽期间白天温度25 ℃～30 ℃、夜间10 ℃以上。温度适宜时,通常播种后7天左右种子开始顶上出芽。约半数种子出芽时,通风降温,白天温度20 ℃～25 ℃、夜间12 ℃～15 ℃。移栽前一周揭去棚膜,进行露天培育。

2. 肥水管理

播种时浇足底水后,出苗期不再浇水。当大部分种子出苗后,揭掉地膜。此时如果畦面干燥,可在揭掉地膜后将苗床均匀浇水,浇水后再将苗床均匀覆盖一层土,保湿、防板结和防病。揭膜后如果畦面湿度比较大,可直接向苗床撒盖一层土,防种子带帽出苗。播种后15天左右,当苗床基本齐苗后,再将床面均匀上一层育苗土,防止幼苗倒伏,并促发不定根。之后,畦面不干燥不浇水,苗高5～7 cm左右时,结合间苗和补苗再浇1次水。6月中旬,香椿苗进入速生期后结合追肥进行浇水,之后勤浇水,经常保持畦面湿润。香椿苗比较怕涝,雨季要注意雨后排水。9月中旬后幼树进入茎干硬实期,要停止浇水,促茎干木质化,防止幼树生长过快(也即秋梢要短)。

施足底肥后,从出苗到幼树速生前不再追肥。6月中旬,幼树进入速生期后追1次肥。结合浇水,每100 m²育苗畦追施复合肥6～8 kg,或优质有机肥0.3 m³左右。追肥时,在苗行间开沟,把肥撒入沟内,而后平沟,用土盖住肥,并浇水。立秋以后,结合浇水再追1次肥,促秋梢加粗。此次追肥要用复合肥,加重磷钾肥的用量,不要偏施氮肥,结合浇水,每100 m²育苗畦开沟施复合肥2.5 kg即可。之后,进行2～3次叶面喷肥,喷洒0.2%～0.3%浓度的磷酸二氢钾肥液,促枝条硬化。

3. 间苗和补苗

苗高5～7 cm时开始间苗和补苗。间苗应掌握"间弱留强,间密留稀,分布均匀"的原则。撒播苗床按5～6 cm苗距留苗,将出苗晚、畸形苗、病苗拔除,对播种不均匀,苗过于密集的地方,应疏散掉一部分。间苗的同时,对缺苗处应及时补栽整齐。间苗后将苗床均匀喷1次水,沉落浮土。

4. 分苗

当幼苗长到4～6叶时,开始分苗。保护地育小苗,应在分苗前一周去掉棚膜进行炼苗,使幼苗充分适应露天的环境条件。选晴暖天分苗。在整好的育苗畦内按30～35 cm行距开短沟,沟向与畦的长向垂直,沟深15 cm左右。按20～25 cm的株距栽苗。栽苗后,先盖半沟土固定住苗,然后将沟浇满水,水渗后平沟。

5. 中耕、松土

每次浇水后以及雨后都要及时中耕。结合中耕,将育苗畦内的杂草去掉。除草应掌握

"除早、除小、除了"以及不伤苗木的原则,每次除草都要结合培土,以补充床面的表土。树苗长大,苗行封垄后,停止中耕,此后地里长出的杂草用手拔掉即可。

五、营养袋育苗

1. 营养土组成

在苗圃地上开设苗床,床面宽 1.0~1.5 m,高 10~15 cm,步道宽 40~60 cm,选用 12 cm×15 cm 规格塑料容器袋育苗。育苗基质要细密而不黏、疏松而不散、保水能力强、透气性好。营养土组成为 60% 黄心土 +38% 火烧土 +2% 复合肥(研成粉末)。火烧土、黄心土经敲碎,用 0.5 cm×0.5 cm 目过筛,与复合肥混合拌匀,装袋后排成畦状,四边培土,用花洒淋透水。

2. 移苗

用沙床催芽,幼苗出土一个星期后移苗(苗木长出 4 片真叶时)。移苗前要把苗床淋湿透,起苗时一手用竹签插入靠近小苗根部(约 3 cm),签向上挑,将苗连根提起,用黄泥浆蘸根,并置于阴凉处。先用清水淋透容器中营养土,用竹签在杯的正中点垂直插出宽 1 cm、深 4 cm 的小洞,将小苗根系自然放入小洞中,然后由外向内向下压紧,使根系充分与土壤接触、压实。移植后淋定根水,搭上阴棚。移苗宜在早晚或阴雨天气进行。

3. 移袋苗

苗木生长一定时间,根系会穿过营养袋深入苗床,如果不及时移苗,苗木出圃时会伤及根系,从而影响成活率,因此必须定期移动营养袋苗。一般在苗木移植后 4~5 个月内便要进行第一次移动营养袋苗,以后两个月移动一次,确保苗木主根既不穿袋长入苗床,又不影响苗木的正常生长。同时在移动袋苗时要对苗木进行分级,把高度和生长一致的放在一块,并应当扩大营养袋的间距,保证苗木有充足的生长空间。1 年生的营养袋苗高可达 60~80 cm,地径 0.8 cm 左右。

六、根系育苗

1. 断根育苗

选择生长健壮的香椿大树作母株,在冬季落叶后,或春季土壤已解冻而新叶尚未萌发前,将树冠投影部分开挖环形萌蘖沟,长约 2~3 m,宽 30~40 cm,深 40~50 cm,切断侧根,并浇透水,再把挖出的土回填。该措施可促进根部萌发新芽,形成萌蘖苗,然后在苗圃地上培育,株行距为 50 cm×35 cm。

2. 插根育苗

于 3~4 月,在 3~4 年生幼树采集 0.5 cm 以上根系,然后剪成 15~20 cm 长的根段,随剪随插,促使幼根长成萌蘖苗。

6.7.2 芦笋

一、品种选择

芦笋生产一般采用育苗移栽。集中育苗移栽出苗率高,可节约种子,降低成本,便于集中管理,有利于防治病虫害和培育壮苗。芦笋宜选择抗病、抗虫、抗逆性强的、商品性好的优质高产杂交新品种。优良品种有玛丽华盛顿 500,加州大学系列,台选 1 号、2 号和 3 号,鲁

芦笋1号和2号等。

二、苗床准备

芦笋育苗主要有日光温室育苗、塑料拱棚育苗、露地育苗等多种方式。一般采用营养钵育苗,移栽时伤根少,成活率高。

育苗地要选择土质疏松、土壤肥沃、透气性好的壤土或沙质壤土,具有浇水和排水条件,环境空旷通风。前茬作物是葱蒜类的地块不宜作为芦笋的育苗或栽培场地。

苗床每亩施腐熟堆肥 3 000~5 000 kg、撒复合肥 50 kg,撒匀深耕 25 cm,精细整地后做畦,做成宽 1.2~1.5 m 的畦,畦面做到土壤细碎、平整。种植白芦笋每亩用种 60~70 g,占用育苗地面积 20~30 m²;种植绿芦笋每亩用种 90~100 g,占用育苗地面积 30~40 m²。

三、种子处理与播种

1. 浸种催芽

芦笋种子皮厚坚硬,角质化强,吸水困难,发芽缓慢,为促进芦笋种子发芽,在播种前必须先催芽。播种前可先将种子晾晒 1~2 天,然后用清水漂去秕籽和虫蛀籽,用 50% 的多菌灵 300 倍溶液浸泡 10~12 h,用 30 ℃~35 ℃ 温水浸种 2 天,每天换水 1~2 次,待种子吸足水分捞出,放在盆中,用湿纱布或毛巾盖好,或用湿纱布或毛巾包好,放在 25 ℃~30 ℃ 的温度下催芽,每天用自来水冲洗 2~3 次,发芽后及时播种。

2. 播种

芦笋多春播,也可秋播。春播一般 2~4 月份播种;秋播 8~9 月份播种。播种期可根据茬口和育苗条件,由定植期向前推 60~80 天。

播种前将营养钵育苗畦或露地苗床浇透水,水渗后撒一层薄土,露地苗床按 10 cm 株行距划线,或用刀切深 10 cm 见方的土方,取发芽的种子一粒播种在方格的中央或营养钵中央,覆土 2~3 cm,播后覆膜。露地也可撒播或开沟条播。

四、苗床管理

1. 温度

芦笋发芽适宜的温度为 25 ℃~28 ℃,小拱棚或阳畦育苗白天温度应控制在 25 ℃~28 ℃、夜间 15 ℃~18 ℃。出苗后白天 25 ℃,最低温度不低于 8 ℃,最高不超过 30 ℃,超过 30 ℃ 及时放风。并逐渐加大通风炼苗,使其适应外界自然环境。当幼苗地上茎 3 条以上时,即可定植。

2. 水肥

出苗前苗床土要保持湿润,否则应及时浇水,出苗后幼苗根系弱小,旱时及时浇水。当苗高 10 cm 左右时,可随浇水施一次稀薄的有机液肥,如充分腐熟的人粪尿或沼液,也可随水施入尿素及氯化钾等。苗期追肥 2~3 次,使苗在生长后期能充分积累同化养分,培育壮苗。

3. 中耕锄草

出苗后,立即将地膜揭除。撒播的齐苗后要疏苗,保持苗距 7~10 cm。育苗期间要勤锄草,及时中耕松土。适当培土,使鳞芽发育粗壮,防止苗株倒伏。当幼苗达到定植苗标准时即可定植。

4. 壮苗标准

苗高 0.3 m 左右,有 3 根以上的地上茎及 5 条以上地下贮藏根。

 本章小结

本章主要介绍了茄果类、瓜类、豆类、白菜类、绿叶菜类、葱蒜类及多年生蔬菜中主要蔬菜的育苗技术,包括常规育苗,嫁接育苗、穴盘育苗等。通过学习,掌握蔬菜育苗的基本知识,包括品种选择、苗床准备、播种技术及苗期管理技术,最终达到培育壮苗的目的。

 复习思考

1. 番茄如何进行穴盘育苗?
2. 茄子嫁接育苗的关键技术是什么?
3. 黄瓜育苗苗床如何准备?
4. 西瓜嫁接育苗常用砧木有哪些?嫁接方法有哪几种?
5. 秋甘蓝如何培育壮苗?
6. 芹菜夏季育苗如何促进种子发芽?
7. 洋葱育苗的关键技术有哪些?
8. 香椿育苗有哪几种方式?

 考证提示

1. 番茄育苗技术。
2. 黄瓜嫁接育苗技术。

第7章 主要花卉育苗技术

学习目标

通过本章学习,主要了解一二年生和多年生草本花卉、水生花卉和木本花卉的育苗方法,掌握常见园艺花卉的育苗技术及管理技术。

7.1 一二年生花卉育苗技术

7.1.1 矮牵牛

矮牵牛是茄科多年生草本植物,生产上多作一年生栽培。矮牵牛的别名为碧冬茄、杂种撞羽朝颜,喜温暖、阳光充足的环境,怕雨涝。矮牵牛育苗有播种和扦插两种方式。

一、播种育苗技术

矮牵牛种子细小,千粒重 0.16 g 左右,种子寿命为 3 年。播种床土宜选用疏松肥沃的营养土,土壤 pH 为 5.8~6.5,并应细筛、消毒。播种需在温室或拱棚内进行,育苗天数 60 天左右。一般每平方米播种量 1.2~1.5 g(一般出苗率不足 50%)。先将床土稍压实刮平,用喷壶浇透底水,撒播(可将种子与 30~50 倍的细土或细沙混合后再播),播后覆盖细土 0.2~0.3 cm,再加盖地膜。种子发芽出土期间控温 20 ℃~24 ℃,一般 4~5 天出苗。出苗后及时揭去地膜,当有 1 片真叶时进行移植,最好只移植 1 次,用直径 7~8 cm 的容器培育成苗,幼苗期白天生长适温 23 ℃左右,成苗期 27 ℃~28 ℃,夜间 13 ℃~15 ℃,土壤应保持湿润,但忌湿度过大。在保护地育苗时应把矮牵牛放在光线最好的地方,在低温短日照条件下,茎叶生长繁茂,株形紧凑,在长日照条件下,茎叶顶端会很快着生花蕾。如果需定植已开花并且生长量很大的秧苗,需将 7~8 cm 的容器成苗再移入 13~15 cm 口径的塑料盆内培育。

二、扦插育苗技术

扦插一般在花后进行。花后剪去老枝,控水,促发新的嫩枝,以新枝作插穗。插穗长

3~4 cm,摘掉下部叶片仅保留顶部2对叶片,底部剪成45°斜口。基质用细沙,扦插深度1.5 cm,插后放在微光处,控温20 ℃~25 ℃,15~20天生根。

重瓣或大花品种不易结实,或用种子繁殖园艺性状不稳定的垂枝型,都可用此法繁殖。

7.1.2 一串红

一串红是唇形科多年生草本或亚灌木植物,常作一二年生栽培,别名西洋红、墙下红。一串红原产巴西,100多年前引入我国,目前已成为园林绿化中应用最广泛的花卉之一。其花色鲜艳,花期长,在终霜前定植已经开花的大苗,可一直开到严霜冻死为止。

一、播种育苗技术

一串红种子千粒重3~4 g,种子黑色,寿命3~4年。一串红播种和幼苗期正值冬季,我国长江流域以北地区温室地温较低,需采用电热温床播种,南方地区,播种后也需加盖地膜或扣小拱棚控温。一串红幼苗对土壤要求较严,需用疏松肥沃的营养土过筛、消毒后方可装入苗床或育苗盘内,刮平,用喷壶浇透底水,水下渗后撒播种子,用种量为20~25 g/m²,播后覆1 cm细土。控制地温22 ℃~25 ℃,5~6天左右出苗,出苗后揭膜,将地温降至20 ℃~22 ℃。出苗缓苗期间控制白天气温为25 ℃~30 ℃,夜间为18 ℃~20 ℃。

当出现2对真叶时分苗,先按3~4 cm×3~4 cm的营养面积移植1次,当苗生长到将要互相拥挤时,移入直径8 cm左右的容器里培育成现蕾的大苗。有条件的只移植1次对生长更为有利。

出苗缓苗期间白天气温控制在25 ℃~30 ℃,夜间为18 ℃~20 ℃。其他时间白天气温20 ℃~25 ℃,夜间气温10 ℃~15 ℃。定植前5~7天夜间降温到5 ℃左右。一串红喜光,整个育苗期应尽量强光照促进营养生长。一串红幼苗对水分适应范围较窄,要适时适量浇水,苗期不能过分控水,尤其是籽苗期,否则易形成小老苗;也不能水分过多,否则叶片易脱落。空气湿度为60%~70%时最适宜幼苗生长,在定植前1周适当控制浇水,以增强定植后的抗性。

二、扦插育苗技术

秋天将一串红植株移入温室越冬,早春剪取新枝10 cm做插穗,地温控制在20 ℃左右,光照强时适当遮阴,10天左右就能生根,20天后就可移入容器培育成苗,也可冬春季播种,当长到4~5对真叶时摘心,以后再用侧枝扦插。扦插苗开花比实生苗早,植株高矮也易于控制。扦插基质可用河沙。

三、育苗要点

一串红种子出苗要求温度较高,25 ℃左右出苗最快。籽苗期容易得猝倒病,高湿光照不足、床土带菌是发病诱因,在育苗时要注重预防。

高杆一串红从播种到现大蕾最短时间需要90天左右,是露地草本花卉中育苗期较长的种类之一。通常从播种到开花需4个月左右,北方需在1~2月播种,南方需在12月播种,播种太晚将严重影响绿化效果。

一串红为短日照花卉。短日照有利于花芽形成,播种早的因日照短有利于生殖生长;播种晚温室又不遮盖草帘的,为促使早开花,可采取早晚遮光处理的办法。

7.1.3 三色堇

三色堇是堇菜科一二年生草本植物，别名蝴蝶花、猫儿脸、鬼脸花等，原产南欧，花通常具三色而得名，开花早，花期长，耐霜。

一、苗期对环境条件的要求

喜冷凉气候，植株及花朵能耐 -10 ℃ 低温，种子发芽适温 15 ℃ ~20 ℃，幼苗生长期白天气温在 15 ℃ ~22 ℃，忌高温炎热，夏季生长不良。喜阳光充足的环境，半阴也能生长。要求肥沃湿润的床土，忌潮湿过度。适宜 pH 为 6.0 ~7.5。

二、春季播种育苗技术

北方因三色堇幼苗露地越冬困难，多采用春季育苗。一般条件下，70 ~80 天可以育成带花蕾大苗进行露地定植。

用育苗盘播种，种子千粒重 1.2 g 左右（种子寿命 1 ~2 年，不可久藏），撒播后覆土 0.6 ~1 cm，控制地温 18 ℃ 左右。白天要充分利用光照，使气温尽量提高，晚上如气温低，应在电热温床上加扣小拱棚。播种后 7 天左右出苗，出苗后揭去薄膜。当长至一叶一心时应进行分苗，最好用直径 8 cm 的容器单株一次育成苗。移栽用土应疏松肥沃，移苗成活后应放在阳光充足的地方培育，气温控制在 15 ℃ ~22 ℃，定植前 5 ~7 天需降温放风炼苗。

三、秋季播种育苗技术

在华北南部、华东等地可采用秋季播种育苗，一般 9 月上旬进行播种，华东地区 11 月初可定植；华北南部入冬后加盖草帘保护越冬，春季定植。苗床选向阳排水良好的地方，深翻整平，视土壤肥沃程度适当施入充分腐熟的农家肥。浇足底水，采用播种后一次性成苗的方法育苗，穴播，每穴播 5 ~7 粒种子，播后需覆盖遮阳网。出苗后及时进行间苗，每穴留 2 ~3 株苗，当有 3 ~4 片真叶时定苗，每穴 1 株。

四、扦插育苗技术

夏初扦插，用植株根茎处萌发的侧枝作插穗，不能用开花枝条或过于粗壮的枝条。用河沙或草炭作扦插基质，插床要遮阴、防雨、保湿，插后 2 ~3 周可生根。

7.1.4 瓜叶菊

瓜叶菊是菊科多年生草本花卉，在我国多作两年生盆花栽培，别名千日莲。瓜叶菊原产西班牙，因叶型如瓜类植物的叶、花如菊花而得名，是重要的温室草花植物。

一、苗期生长发育特点

瓜叶菊从播种到开花一般在北方需 7 个月，南方需 6 个月。从播种到育出大苗定植，一般需 100 天左右。

瓜叶菊 4 ~10 月都可播种，但春播苗夏天需在阴棚下栽培，并经常向叶片洒水降温，并且不能淋上雨水，否则经过酷暑秧苗会大批死亡。8 月份播种的植株大、花大，10 月份播种的植株小，因此，我国多在 8 月份播种。

瓜叶菊性喜凉爽气候，忌炎热，也不耐寒。种子发芽适温 21 ℃，生长适温 15 ℃ ~20 ℃。

在 15 ℃以下低温处理 6 周可完成花芽分化,再经 8 周可开花。高温会引起徒长,影响开花。喜光,但怕夏日强光。长日照能促进花芽发育提前开花,一般播种后的 3 个月开始给予 15~16 h 的长日照有利早开花。土壤适宜 pH 为 6.5~7.5。

二、播种育苗技术

瓜叶菊种子细小,千粒重 0.25 g 左右,种子寿命为 3 年。育苗基质应疏松肥沃,可用腐叶土、草炭土和田园土等量配制。将配制好的床土装入育苗盘后稍压实刮平,浇足底水,待水下渗后播种。播种量为 2 g/m^2,播后盖细土 2~3 mm,上覆地膜,放阴凉避雨处。播种后 4~5 天出苗,出苗即去除覆盖物,移至遮光 60%左右的地方。幼苗期要防雨、防徒长,当缺水需要进行补水时,需将育苗盘置于水中,并使水面低于播种土面,使水通过盘底的缝隙渗入,当盘中土面略见湿润时将盘从水中取出。一般出苗后 20 天、有 2~3 片真叶时进行第 1 次分苗,苗距 5 cm,或用直径 8 cm 的容器直接培育成苗。

当气温降至 21 ℃时可逐步撤除遮阳网,实行全光照育苗。有 6~7 片真叶时,植株进入快速生长期,应及时浇水追肥。白天气温以 10 ℃~20 ℃为宜,夜温应稍低以抑制徒长。一般 9~10 片叶时将苗栽植于花盆中。

三、扦插育苗技术

不结实的重瓣品种或因气候原因没有结实的年份可用扦插方法繁殖。一般在 5 月份于花谢后进行。选芽长 6~8 cm 的健壮腋芽扦插,摘除基部大叶,留 2~3 片嫩叶插于河沙中,20~30 天生根,然后放在遮光通风处培养。

7.2 多年生花卉育苗技术

7.2.1 荷兰菊

荷兰菊是菊科紫菀属多年生草本植物,别名柳叶菊、蓝菊等,抗性强、喜光、耐热、耐寒,能在北方寒地安全越冬,对水肥要求不严。

一、扦插育苗技术

扦插一般在 5~6 月进行。剪取幼枝,在露地作扦插床,用河沙作基质。扦插早温度低时,扦插后夜间要扣小拱棚保温,白天应遮阴。气温 18 ℃时,大约 7~10 天生根,出苗后及时去除遮阴物,然后进行正常管理。

二、分株育苗技术

扦插不易生根的品种可用此法育苗。当早春根蘖长出新芽后分株。选择背风向阳的露地做苗床,扣上小拱棚。将母株挖出,用手掰开,每个有根的芽为 1 株,按 6~7 cm 的株、行距栽在苗床上。分株后盖上塑料薄膜,生根后撤去,水分适量;也可在春季长出叶片后分株,几株为一丛,直接定植,或秋季开花后分株。

三、播种育苗技术

种子千粒重 0.6 g 左右,寿命约 1 年。3 月于温室或拱棚内播种育苗,用肥沃沙质土作播种基质,浇透底水后撒播,播种量 5 g/m²,上覆细土 0.5 cm。当地温 15 ℃~18 ℃ 时,干种约 6~7 天出苗。出苗后及时移苗,有 2 对真叶时移植至小拱棚内培育成苗,前期夜间覆盖保温,后期防止高温,有 7~9 片叶可进行定植。不过,用种子繁殖的秧苗性状容易分离,在商品生产上一般不大应用。

7.2.2 萱草

萱草是百合科多年生草本植物,别名忘忧草、宜男等,花色多样,耐寒,在北方露地可安全越冬,喜光,也耐半阴,对土壤要求不严。

一、分株育苗技术

在春季萌芽前或秋季落叶后进行分株。将整个株丛挖出,尽量少伤根系,每丛除带肉质根外,至少要带 2~3 个芽。一般每个母株可分生 3~4 株,一次分株后可经 3~5 年再分株,分株苗当年即可开花。

二、扦插育苗技术

夏季利用幼嫩的花茎作插穗。萱草花茎的中上部有 1 个不明显的节,节部能长出不定芽。选生长饱满的花茎,剪 10~15 cm 长作插穗,倾斜 30°插于蛭石或沙中,让芽和基质齐平。30 天左右生根,扦插苗第二年可开花。

三、播种育苗技术

萱草的大部分品种不结实。结实的品种在秋冬季将种子进行沙藏处理,早春播种后控制地温 20 ℃~22 ℃,播种 8 天左右出苗;也可采种后立即在露地播种,第二年发芽出苗。实生苗于第二年开花。

7.2.3 大丽花

菊科大丽花属多年生草本植物,别名地瓜花、天竺牡丹、大理花、大丽菊等。大丽花花朵大,最大的花直径 30 cm 左右;花期长,从夏季到霜降前开花不断。大丽花喜光,喜干燥凉爽气候,怕霜冻,宜生长于排水良好的沙质土壤,怕涝。

一、分块根繁殖技术

大丽花块根在 1 ℃~5 ℃ 时进入休眠,0 ℃ 以下受冻,控温 1 ℃~3 ℃ 最为适宜。田间进行株选,在初霜来临之前挖回。挖前剪除地面 10 cm 以上的茎,将整墩块根挖出,并带有部分泥土以保护根颈。晾晒一段时间后贮藏,贮藏场所应进行灭菌消毒。贮藏块根时堆放不宜太厚,防止发热烂根,一般堆放 3~5 层为宜。

春天定植前 2 个月左右将贮藏的块根取出,剔除腐烂和损伤的块根,在 15 ℃~20 ℃ 的地方催芽。如果贮藏的是整墩块根,出芽后把每个块根分开,每块根上应有 1~3 个芽。切割的伤口用草木灰消毒,然后将分割的块根栽入容器中培育成大苗。对未发芽的块根继续催芽,如此 2~4 次,即可完成分块根繁殖。大丽花分块根繁殖由于母体营养充足,苗期生长旺盛,育苗天数不宜太长,在长出茎叶后,应通风降温,适量控制水分防止徒长。通常苗期不追肥。

二、播种育苗技术

通常在保护地电热温床上播种育苗。大丽花种子成熟度差别较大,播种前进行瘪粒的筛选有利于提高发芽率。播种量 50 g/m², 1 对真叶时进行分苗,最好用容器护根育成苗。大丽花秧苗易徒长,除出苗前和移植缓苗期气温可稍高外,其他时间白天气温控制在 20 ℃ ~ 25 ℃,夜间气温控制在 10 ℃ ~ 15 ℃。定植前 5 ~ 7 天降温通风炼苗。定植时秧苗应具有 5 对真叶,高 20 cm,茎粗 5 mm 以上,现大蕾,无病虫害。

三、扦插育苗技术

不宜用种子繁殖的大丽花品种可用扦插技术繁殖。扦插时间一年四季都可进行,但以春插为主。一般在 2 ~ 4 月进行,用根颈上的不定芽作插穗,如果分割出的块根上长出了 2 ~ 3 个不定芽,只保留 1 个芽,其余的芽长到 3 cm 以上时,掰下作插穗,或对整墩块根催芽,当芽长到 3 ~ 5 cm 时,从块根上取下幼芽作插穗,掰芽后的块根继续催芽,可多次掰芽扦插。或定植后选留 1 个健壮芽让其生长,其余的幼芽从苗基部取下作插穗,或花盛开后,选喜爱的品种,用腋芽扦插,也可从侧枝上剪取 10 ~ 15 cm 长、具有 3 个以上茎节的嫩枝作插穗;还可用长 15 ~ 20 cm 的顶稍作插穗,并带直径 1 cm 以内的花蕾。用细沙土或河沙作基质。如果扦插生根后不立即栽植,也可上层用 5 cm 厚的河沙,下层铺沙质培养土。先在基质上扎孔,然后插入插穗,扦插深度为插穗长度的 1/3 左右。扦插后既要保持基质湿润又要避免水分过多。控制地温 20 ℃ 左右,遮阴,15 天左右生根。用带蕾的枝条扦插,从扦插到开花只需 50 ~ 60 天。

扦插苗生根后移入容器培育成大苗,以后管理方法同播种育苗。夏秋两季扦插要待主茎上的侧枝长到 7 ~ 10 cm,用刀切下或者掰下,埋入基质(深度为插穗的 1/2)。

7.3 水生花卉育苗技术

7.3.1 荷花

荷花是睡莲科地下具膨大根茎的水生多年生草本植物,别名莲花、芙蓉等,是我国十大名花之一。性喜温暖,耐高温,喜强光。适宜在平静的浅水中生长,用河塘泥栽培,适宜的 pH 为 6.5。

一、播种育苗技术

荷花的种子,俗称莲子。莲子无休眠期,随采随播,虽然放置多年都能萌发,但以 1 ~ 2 年的种子最好。莲子千粒重 1 300 g 左右。莲子外种皮有特殊结构,播种前需进行破皮处理。用锋利的芽接刀平削种子凹入端,削去垂直高度 2 mm 左右,不可过多。破壳后的种子用 35 ℃ ~ 45 ℃ 温水浸泡,在夏季可用凉水浸泡放在阳光处,每天换清水 1 ~ 3 次。当种皮变软、胚乳膨胀时,沿破壳处剥去种皮的1/3以显露胚乳,促使胚芽伸长。一般3~5天发芽。发芽后按行距15 cm、株距10 cm点播在苗床上,覆泥土1~2 cm,灌水漫过土面,或直接播种在无孔容器里(如碗、无孔花盆等),容器内预盛肥沃稀塘泥,泥深为盆高的2/3左右。播于容器后,保持水深5 cm左右,放于阳光处。当长出7~13片浮叶时即可抽生立叶。当抽生5~7片立叶后现花蕾。苗期要光照充足,不宜常换水或翻动。

二、分藕育苗技术

分藕可在春季或秋季进行,主藕、子藕、孙藕都可以作种藕。操作时,一手提起藕的顶芽,另一手缓缓地拉出后几节,每2~3节切成一段作种藕,每段要带完整无损的顶芽并保留尾节。栽植时用手保护顶芽,以20°~30°斜插入泥中,让尾节露出土面。栽前把水放干,整地施肥,栽后稍加镇压,灌水20~30 cm,至立叶出现,苗期结束。菜用莲藕的藕粗,芽也大;作观赏栽培时宜选用花用种藕。花用种藕较细,使用时注意区分。

夏季生长最旺盛的时候,还可用生长健壮、茎粗1 cm左右、长30~40 cm、带有3~5片叶(包括前叶、浮叶)并具有顶芽的新生地下茎栽培。

三、顶芽繁殖

春天将种藕挖出,用利刀把顶芽齐基节处切下,按行距6 cm、株距3 cm栽于苗床上,深度以让芽微微露出基质为宜,床温控制在15 ℃以上,长出3片叶和不定根后定植。定植时小叶应露出水面,不定根埋入泥中。如果此时秧苗已伸出细长根茎(即幼小的莲鞭),鞭的顶芽也要横埋于泥下。以顶芽作种的荷花,由于缺少母体营养,初期生长势弱,叶面积较小,通过精心管理,一个月后即由弱转旺。通过在保护地育苗可弥补开花晚的弱点。从用种质量上说,顶芽的用量只相当于种藕用量的1%~2%。

7.3.2 睡莲

睡莲是睡莲科睡莲属多年生浮叶型水生草本植物,别名子午莲、水浮莲等,有耐寒和不耐寒两大类型。花和叶都有较高的观赏价值,是著名的水生花卉。

一、秧苗生长发育特点

水温达到18 ℃~20 ℃时秧苗才能正常生长,喜高温强光,要求通风良好、喜富含有机质的壤土,适宜pH为6~8,要求水质清洁,喜平静水面。

二、播种育苗技术

睡莲的种子必须用水藏,干燥80天即完全失去发芽能力。当种子含水量在0.25%以上时,用瓶密封贮藏9个月发芽率可达95%。

春季播种前将贮藏在水里的种子放在盛水的容器里,置于25 ℃~30 ℃处催芽,每天换水。当长出幼根时将其移植于小花盆中,然后将小花盆投入温室的水中,覆土0.5~1 cm,保持稀泥状,长出叶片后,开始灌水,以淹没叶片1 cm左右为宜。当秧苗长大后,待水温升到18 ℃左右时栽入水池或缸中,在露天生长。耐寒睡莲播种苗2~3年开花,热带睡莲当年或第二年开花。也可将不催芽种子播于育苗钵中,然后置于浅层水中,出芽后逐渐加深水位,苗长大后定植。

三、分株育苗技术

分株繁殖于春季进行,耐寒种类应早分株,不耐寒的晚进行。从容器或池中挖取带有芽眼的地下根状茎,用利刀切开,每段种茎切成6~10 cm,带2~3节。平栽于土中,微露顶芽。栽后稍晒太阳,然后放水。刚栽时水位宜浅不宜深,3~5 cm即可。当气温升高,新芽开始萌动时,逐步加深水位,水流不宜过快,水位不能超过30~40 cm。春季分株的不仅当年能开花,而且能形成群体。

四、胚生苗繁育技术

从睡莲母株的叶或花上直接萌发长成的新幼体叫胎生苗,在睡莲中较为常见。耐寒睡莲的"胎生"新幼体多从花朵中长出;而热带睡莲直接从叶片与叶柄结合处(叶脐)长出幼小的植株,在母株叶片的幼叶期,可明显看到叶脐处出现毛状物。随着叶片的长大和成熟,叶脐从略突起到长成完整的小植株。当老叶渐枯后,小植株靠叶柄与母株相连获得营养,当叶柄腐烂后,小苗即可离开母株。将生长早期产生的幼小植株,用利刀切下栽植,当年即可开花。

五、耐寒睡莲芽眼繁殖

耐寒睡莲的根茎上着生着一些具有幼叶的微小生长点,即芽眼。将芽眼削下,涂上炭粉,分别栽植在预先装好肥沃培养土的浅盆中,然后盖上塑料薄膜或置于温室中培养。芽眼苗发叶7~10片时进行定植。

7.4 木本花卉育苗技术

7.4.1 牡丹

牡丹是毛茛科多年生落叶灌木,别名牡丹花、富贵花、木芍药、洛阳花等,是我国十大名花之一,有"国色天香"之美称。牡丹喜夏季凉爽,在年平均气温15 ℃以上的地方栽培较为困难,在北方寒地栽培需要覆盖过冬,喜光。牡丹为深根性花木,对土壤深度及肥力均有较严要求,土壤宜适度湿润,尤其夏季不能过于干旱。

一、嫁接繁殖育苗技术

嫁接是牡丹繁殖最常用的一种方法,可根接、枝接或芽接。

根接一般在9月份进行,用牡丹或芍药根作砧木,芍药根粗短,木质部较软,易操作,接后成活率高;牡丹根较硬,不易操作,接后成活率不如芍药,但生长比芍药根旺盛,发根快并且多。选生长充实、附生须根较多、无病虫害、长25 cm、直径1.5~2 cm的根系作砧木,晾2~3天;接穗选母株基部生长健壮、无病虫害的当年生萌蘖枝,长5~10 cm,带2~3个芽。将接穗基部腋芽两侧削成2~3 cm的楔形斜面,将砧木上口削平,劈开2~3 cm。将接穗插入砧木切口中,使砧木与接穗形成层对准,用绳扎紧,接口处涂抹泥浆或液体石蜡(泥浆由0.2%~1%的草木灰溶液加入泥土搅拌而成),然后栽植。栽植深度与切口齐平,培土至接穗上端 2~3 cm,以利防寒越冬,在北方培土应高于接穗顶部 10 cm。

枝接在 9 月下旬进行。用实生牡丹作砧木,在离地面 5 cm 处截去上部。选当年生健壮的萌蘖枝作接穗,长 5~7 cm,粗 0.7~0.9 cm。在接穗基部腋芽两侧,削成长约 3 cm 的楔形斜面,劈开砧木深约 3 cm,将接穗插入砧木,使二者形成层对准密接,绑紧,然后培土盖住接穗。在伏天用牡丹实生苗作砧木时,可在砧木当年生枝条基部的第一和第二节之间的光滑部位,斜切一刀,长约 1.5~2 cm,深度为枝条直径的 1/2,不可过深。用当年生健壮的萌蘖枝作接穗,在接穗下部芽的背面斜削一刀,削面长 1.5~2 cm,再在另一面削 0.3~0.5 cm。迅速将接穗插入砧木切口,接穗大削面朝内,使二者形成层互相对准,绑紧并露出接芽,再将砧木枝条上部剪去 1/3~1/2。接芽成活后,将砧木上的腋芽全部去掉。

芽接一般在 5 月上旬至 7 月上旬进行。砧木用牡丹实生苗,接穗用当年生枝条上的充实饱满芽。用切接、单芽粘接、方块芽接均可。

二、分株育苗技术

在 7~8 月将 4~5 年生的植株挖出,去掉附土,晾 1~2 天后顺其自然生长纹理,从根茎处将其分成若干株,每株都要有 1~3 个枝条或保留 2~3 个芽,并保证有 3~5 条主根和部分细根。分株后的小苗要将根颈上部的老枝剪除,避免养分的消耗,而从根颈处萌生的当年新枝不要剪除。晾 1~2 天促进伤口愈合后再行栽植,栽植前根部蘸上草木灰,或用高锰酸钾、硫酸铜等溶液涂抹伤口,也可不挖母株,只将四周的小株挖出另栽。

三、压条繁殖育苗技术

一般在 5 月底至 6 月初,选健壮的 1~2 年生枝条进行压条。在枝条基部刻伤,埋入土里,保持土壤湿润,促使萌发新根,第二年秋剪断栽植,或在开花后 10 天左右,当嫩枝半木质化时,于基部第二或第三叶腋下 0.5~1 cm 处环状剥皮,宽 1.5 cm 左右,用脱脂棉浸蘸 50 mg/kg 吲哚丁酸溶液缠于环剥口,然后按空中压条法处理,生根率可达 70% 以上,第二年秋季剪离母株。

四、播种育苗技术

牡丹蓇葖果呈五角形,在黄河流域种子 7 月下旬开始成熟,当蓇葖果呈褐色或微变黑色时采收,放在阴凉通风处晾干,种子千粒重 180~250 g。种子采收后当年必须播种,否则发芽率降低。一般在 8 月下旬至 9 月上旬播种,在小高畦上条播或穴播,行距 7~10 cm,株距 5~8 cm,覆土 2~3 cm。种子在胚根显露前有 2 个月的后熟期,因此种子入冬前胚根才显露。种子具有上胚轴休眠现象,待第二年春天胚芽才生长出苗,5 月上旬能长出 3 片小叶,当年冬季需再次覆盖注意防寒。2~3 年后于 8 月份移栽,一般 6 年开花。

7.4.2 杜鹃花

杜鹃花是杜鹃花科杜鹃花属中具有观赏价值的植物的总称,简称杜鹃,别名映山红、羊踯躅、山鹃等。全世界杜鹃花有 1 350 多种,我国有 650 余种,是一种既可观花、又可赏叶的花卉,商品生产数量很大,是我国春节销量较大的木本年宵花卉之一,也是我国十大名花之一。

杜鹃花生长最适宜温度为 15 ℃~25 ℃,忌酷热,有的种类怕霜冻,有的能在北方寒地安全越冬。喜半阴,忌强光曝晒。要求空气潮湿,相对湿度 70%~90% 最为适宜。多数种类要求疏松的酸性土壤,对水质要求较严,忌钙、镁含量较高的水。

一、扦插育苗技术

用嫩枝一年四季都可以扦插,主要在夏季。剪取插穗前2天,母株要充分灌水。剪取最健壮的半木质化的新枝,带一小段两年生踵,插穗长5~10 cm,剪除下部叶片,保留顶叶。如果顶叶面积大,可将每片叶剪去1/3,除去花芽,否则会影响生根。扦插前将插穗基部2~4 cm浸泡在200m g/kg吲哚丁酸或ABT生根粉溶液中1~2 h,取出用清水冲洗后待插。

扦插基质通常用落叶松树叶土,也可以用2/3草炭土和1/3沙或用微酸性的红沙或河沙代替,适宜pH为4~4.5;还可以在全光照喷雾床上用珍珠岩作基质。大批露地扦插的应在遮阴棚进行,棚上覆盖塑料薄膜,防止暴雨冲溅,要注意棚四周的通风。插床深20 cm左右,床底铺7~8 cm厚的排水层,以利排水。扦插数量不是很大时可在容器里进行,按株行距6~8 cm扦插。控温20 ℃~28 ℃,经常喷雾保湿,控制空气相对湿度在85%以上。毛鹃、东鹃、夏鹃30天左右生根,西鹃60~70天生根。在全光照喷雾床上扦插生根快,部分种类20天即可生根。

生根后除了夏季光照较强的时间外可撤去阴棚。在无土基质上扦插的生根后需及时移植。用直径8 cm的容器移苗,长大后再移入花盆里,或定植在地上。苗长到适当大小时应剪去顶上的新梢,促其发生侧枝,使株形矮壮。

二、嫁接繁殖育苗技术

扦插难以成活的名贵品种用此法繁殖育苗。用3~6 cm的嫩枝作接穗,基部用利刃削成楔形,削面长0.5~1 cm,顶端留3~4片小叶。用播种苗或扦插苗,上盆生长2~3年的毛鹃作砧木。将砧木嫩梢顶端削去2~3 cm,摘除附近的叶片,从中心纵切1 cm,将削好的接穗插入,使形成层对接准确,用塑料薄膜绑扎。然后置于阴处,用塑料袋将接穗和砧木一起罩住保湿。白天控温20 ℃~30 ℃,夜间不低于15 ℃,以促进愈合。成活后逐步除去砧木上的枝条。

也可用靠接的方式,将栽有砧木的花盆移到接穗处,在二者容易嫁接的部分下刀,对准形成层,用塑料薄膜绑扎。需100天左右砧木和接穗完全愈合,将接穗切离母株。

三、播种育苗技术

人工辅助授粉,花后6个月左右蒴果成熟,采后放在阴凉通风处。一般随采随播,不宜久藏。用40%的福尔马林100倍溶液消毒,然后彻底洗净药液。由于种子小,可用疏松、细碎的营养土播种,撒播,覆薄土。用塑料薄膜覆盖,控温20 ℃左右,一般20天左右出苗。出苗后及时将塑料薄膜剪孔,既保障通风,又能保持一定的湿度。小苗期用细喷壶给水,苗高2~3 cm时开始第一次移苗,经过几次移植培养成大苗。

 本章小结

把种子、芽、枝条或其他营养器官培育成独立生长的新植株,是一项技术性很强的综合性生产环节,对后期植株生长发育有很大影响。本章主要介绍了11种常见园林花卉的育苗技术,由于植物特性不同,对环境因素的要求及繁殖方式也都存在较大差异。

复习思考

1. 草本花卉多采用哪种方式进行育苗?
2. 播种育苗技术有哪些优缺点?
3. 三色堇应如何进行育苗?
4. 睡莲应如何进行育苗?

第 8 章 主要果树育苗技术

学习目标

果树育苗是果树繁殖的重要环节。通过本章学习,主要掌握苹果、梨、桃、葡萄四种常见果树的育苗技术;了解目前生产上常规应用的育苗方式。

8.1 苹果育苗技术

健壮的苗木是苹果早结果、早丰产的基础,因此培育壮苗是果树生产的重要工作。苹果主要是以嫁接方法繁殖的,常见砧木是海棠和山定子。在干旱山地和寒冷地区宜用山定子,在平原、沙荒和盐碱地宜用海棠。

8.1.1 圃地选择及整地作床

苗圃地一般要选择坡度较缓(5°以下)、背风向阳、保水排水良好、土层深厚(1 m 以上)、疏松肥沃的沙壤地,最好有灌溉条件。苗圃地不能连作,育过苗的地要用豆类、禾谷类作物轮作倒茬 3 ~ 4 年后再育苗,以保证苗木质量。

育苗的前一年秋季要进行深翻地,一般深度 30 cm,同时施入厩肥,每亩 5 000 ~ 10 000 kg,如能每亩混施 20 ~ 25 kg 过磷酸钙更好。为了预防立枯病,应结合整地,每亩喷撒甲基托布津 1 ~ 1.5 kg。

一般采用低床育苗,床宽 1.2 m,长 10 m,床面要平整。

8.1.2 砧木苗培育

一、种子处理

播种前 2 个月选饱满、种皮光滑有光泽的种子,采用沙藏处理。具体作法是:将 1 份种子混入 4 份湿沙,以手握成团,但不滴水,松手后可分成几块不散开的细沙,然后装入下铺湿沙的木箱里,最后上边覆 3 cm 厚的湿沙,置于 -5 ℃ 以下的地方。

二、播种时期

苹果砧木播种的时期分春播和秋播。秋播在封冻前进行,秋播种子不需要层积处理,翌年春出苗早,生长快,但苹果砧木种子颗粒较小,容易遭受风寒、干旱、鸟、鼠的危害,因此生产上多采用春播,一般在 3 月下旬至 4 月上旬。

三、浸种催芽

为了使种子提早萌动发芽,在播种前 5~7 天,将沙藏层积过的种子倒入盛有 45 ℃ 左右温水容器中,搅拌后浸 2~4 h,或用 25 ℃ 水浸 24 h,然后把种子晾干混沙,放在 20 ℃ 左右的室内或温室中,5~7 天就可萌动发芽。当有 60% 左右的种子"露白"发芽时,即可播种。

四、播种方法

一般采用双行带状条播,宽行 40~50 cm,窄行 20~25 cm。春季播种前浇水浅翻、整平,按行距开沟,深 2~3 cm,将种子均匀撒入沟内,覆土镇压。播后若土壤过干影响幼苗出土,应用喷壶喷水或勤灌小水,直至出苗。若用地膜覆盖,覆土适当加厚,以免温度过高灼伤嫩芽。

五、播种量

根据苹果砧木品种、种子纯度、发芽率、播种方法的不同而不同。一般平畦条播,山定子每公顷播种 15~22.5 kg,八棱海棠 15~30 kg。

六、砧木苗的管理

播种畦面使用麦草、稻草覆盖物保墒的,幼苗出土 10%~20% 时要及时撤除,使用地膜覆盖的要及时撕膜或撤膜。幼苗出现 2~3 片真叶时开始间苗,4~5 片真叶时按 10~15 cm 株距定苗,每公顷需留苗 12 万株左右为宜。补苗最好在阴天或傍晚带土移栽,以保证苗木的成活率。定苗后,当苗长至 5~6 片真叶时,要用 0.1% 尿素叶面追肥 2~3 次,当苗长到 8~10 片真叶时,根部施每公顷 225 kg 左右少量磷酸二氢铵。为了促进苗木加粗生长,在苗高 15~20 cm 时进行摘心,即摘除 3~5 cm。再结合追肥进行培土,促使茎部加粗生长,以达到嫁接粗度。嫁接前将基部 10 cm 以下的分枝和叶子抹去以便于嫁接。此外,还要及时防治病虫害,主要防治苹果黄蚜、金龟子、舟形毛虫等害虫,可喷菊酯类农药 4 000 倍或"1605" 1 500 倍溶液进行防治。

8.1.3 嫁接和嫁接苗管理

一、选择合适砧木

苹果乔化砧木以八棱海棠和山定子应用较多。八棱海棠与苹果嫁接亲和力好,树势强健,抗寒、抗旱、抗盐,适应性强,是当前应用最广泛的一种。山定子嫁接苹果亲和力好,须根特别发达,嫁接后结果早、产量高、抗寒性强、耐瘠薄,最适合山区采用。但是山定子不耐盐,在盐碱地上和石灰质土壤中易出现黄叶病,因此平原盐碱地不宜采用。共砧苗不宜在生产中应用。

矮化砧目前生产上主要推广的是 M26、M7 和 MM106。M26 固地性强,抗寒、抗绵蚜、抗颈腐病能力差,宜作自根砧和中间砧,适于栽植在能灌溉、肥沃的地块或平坦肥沃的旱地上。半矮化砧 M7、MM106 适于栽植在干旱平地或梯田面较宽的台地上。一般来说,结果晚的元帅系、富士系以及结果早但长势强、树冠大的品种与 M26 组合为宜,利于早结果和树冠控制;长势弱、结果早或树冠小的品种以及立地条件较差时与 M7、MM106 组合为宜,有利于促进生长。另外,还应确定矮化中间砧适宜的长度。中间砧的长短对矮化效果影响较大。在我国的"苹果苗木繁育技术规程"中规定,苹果矮化中间砧长度以 20～30 cm 为宜,且在同一批苗木中,矮化中间砧的长度差异不要超过 5 cm。

二、嫁接

接穗要在生长健壮无病虫害的优良植株上,选取一年生发育良好的健壮枝条采集,如不及时嫁接,可将接穗在窖内进行湿沙贮藏。芽接最好是随采随接。枝接一般在 4 月下旬至 5 月中旬进行,一定要在接穗未发芽、砧木树液已流动时进行。芽接一般在 7～8 月进行。枝接常采用劈接、切接、皮下接等法,芽接采用 T 型接法。生产上一般多采用"T"字形芽接法,以 8 月中下旬为最适时期。操作方法是先将砧苗距地面 4～5 cm 的光滑迎风面擦净泥土,用芽接刀横切一刀,深达木质部,刀口宽度为砧木干周的一半左右,然后在刀口中间向下竖划一刀,竖刀口稍短一点;再削接芽。接穗应选择品种优良、生长健壮、无病虫害的母树上的一年生枝条。先在接穗芽的上方 0.6 cm 左右横切一刀,刀口宽是接穗 1/2 直径左右,然后刀由芽下 1 cm 处向上斜削,由浅入深达横刀口上部,然后用左手拇指和食指在芽茎部轻轻一捏,芽片即可取下。立即挑开砧木拉口皮,把接芽迅速插入,使芽片横刀口与砧木的横刀口对齐,然后用有弹性的 0.6 cm 宽的塑料薄膜包扎好。

三、接后管理

这种嫁接方法一般成活率可达 95% 以上,嫁接后 7～10 天检查是否成活,如发现未成活,应立即补接。检查成活后,应解除绑缚,于翌年早春萌芽剪砧,用剪在接芽横刀口上 0.5 cm 左右处剪砧。无论是芽接还是枝接,为避免消耗养分,利于接芽生长,应及时除去多余枝及萌蘖发芽。如未接活,可留 1～2 个萌蘖条,夏季再进行芽接。同时还要进行抹芽、立支柱、施肥、灌水、松土、病虫害防治等常规管理,确保苗木健壮生长,达到一级苗标准。

8.2　梨树育苗技术

梨树多用嫁接法繁殖,其他方法应用较少。

8.2.1　砧木的选择

梨应用的主要砧木有杜梨、豆梨、秋子梨等。

(1) 杜梨(棠梨)生长旺盛,根深、须根多,对土壤适应性强,抗旱、耐涝、耐碱和耐热性都很强,与中国梨和西洋梨的嫁接亲和力均强。在生产上实生苗和根蘖苗均可应用。缺点是对腐烂病抵抗力较差,耐寒力不如秋子梨。

(2) 豆梨(鹿梨)为我国长江流域及其以南地区广泛应用的砧木,喜温暖湿润多雨气候。生产上主要用作砂梨的砧木。与西洋梨的亲和力强于中国梨。根系较深,抗旱、耐涝,初期生长较慢。对腐烂病的抵抗力次于秋子梨,抗寒力与耐碱力次于杜梨。

(3) 秋子梨根系发达,耐寒性强,宜于寒冷地区作砧木。对腐烂病、黑星病抵抗力强。与西洋梨的亲和力及在南方温暖地区应用时表现为耐涝力、抗病力均不如杜梨好。

除这三种外,还有用麻梨、榅桲做砧木的。

8.2.2 播种

一、采种

每年9~10月收集成熟的果实,通过堆积沤制获取种子,并清洗晾干备用。在杭州一带可于11月上旬直播于苗床中或者通过沙藏进行春播。

二、播种

把种子床播或者条播,每667 m^2豆梨的播种量为0.5~1.5 kg。条播时应做高畦,避免地下水位过高时影响砧木及嫁接苗生长。

三、播种后的管理

当春秋温度较低时,覆盖地膜。长出2~3片真叶时进行炼苗,温度稳定在10 ℃以上时,除去地膜。开条沟施腐熟人粪尿和氮肥,每隔10~20天施一次,一直到6月份。此后每隔1个月施复合肥1次,直至8月底。及时除去砧木苗地的杂草。生长旺盛的季节,喷施50%的多菌灵800~1 000倍溶液2~3次,防止苗木猝倒病。

8.2.3 嫁接

一、采穗

应从品种优良、生长健壮、无病虫害的成龄树上选取接穗。芽接接穗应选用发育充实、芽子饱满的新梢。接穗采下后,留1 cm左右叶柄,将叶剪除,以减少水分蒸发。需要长途运输时,可将接穗剪成适当长度,每20~50根一捆,两端及四周填入湿润的苔藓或木屑,外面再用麻袋片或蒲包包裹,封好后即可外运。准备好的芽接接穗,插在清水中,防止失水,随用随取。

枝接用的接穗,可在冬季修剪时,选取发育充实、芽子饱满的1年生枝条,放置窖内培以湿沙埋藏,以备春季枝接。

二、芽接

一般在接穗新梢停止生长后,而砧木苗和接穗皮层容易剥离时进行。具体嫁接时间因各地气候条件不同而异,南方在8月中旬至9月下旬。

梨树多采用"T"字形芽接。取芽时选接穗中上部的饱满芽,在芽的上方4~5 mm处横割一刀,刀口长约为枝条圆周的一半,深达木质部,再在芽的下方1.5 cm处向上斜削一刀,削至芽上方的横切口,然后捏住叶柄和芽,横向一扭,即可取下芽片。但须注意不要扭掉护芽肉。取下的芽片一般长2 cm左右,宽0.6~0.8 cm。

芽接的部位选在砧木离地面5~6 cm皮部光滑处,先在芽接部位横切一刀,宽度比接芽略宽,深达木质部,再在横刀口中间向下竖切一刀,长度与芽片长度相适应。两刀的切口呈"T"字形。切后用刀尾轻轻撬开砧木皮层,将接芽迅速插入,使接芽上端与砧木横刀口密接,其他部分与砧木紧密相贴,然后用塑料薄膜条绑紧,使接芽露出叶柄和芽,以便检查成活。芽接期间,若因干旱,砧木皮层不易剥离时,可在芽接前4~5天充分灌水,以加强形成层的活动,使皮层易于剥离。接后10~15天,即可检查成活情况。成活的接芽,色泽新鲜如常,叶柄一触即落,检查成活后,应及时解绑;若接芽萎缩,叶柄干枯不落,应随即补接,或留作春季枝接。

为了获得根系良好的梨苗,应在接芽成活后(落叶前)用长方铁锹在苗木行间一侧开沟(距砧木20 cm处),深10~15 cm,在沟中间用锹斜蹬(45°)。将主根切断,然后将沟填平踏实,浇水1次,促发侧根。也可在芽接第二年春季苗木萌芽前进行一次移栽,达到促发侧根的目的。

芽接苗第二年萌芽前,在接芽上方0.6 cm左右处剪砧,剪口向接芽背面微斜,似马蹄形。剪砧后应及时除去砧木上发出的萌芽。在风多的地方,当新梢生长到40 cm左右时应立支柱,引缚新梢。

此外,在萌芽前(剪砧后)应浇水1次,促使新梢生长,苗高30 cm以上时,结合第二次浇水,每亩追施硫酸铵10 kg或人粪尿400 kg;到6~7月再进行第三次浇水。浇水后或下雨后应及时中耕除草。苗期还应注意检查虫情,及时防治。常见的虫害有梨蚜、卷叶虫、金龟子、红蜘蛛、刺蛾等。

三、枝接

枝接一般在10月下旬~翌年2月中旬进行。枝接的方法很多,其中最常用的有切接法和劈接法两种。

1. 切接法

这种方法成活率高,操作简便。方法是在砧木近地面约5 cm处剪断,用切接刀将断面削平,于木质部边缘向下直切,深度与接穗的削面长度相适应,一般长约2~3 cm。接穗长8~10 cm,上有2~3个芽子为宜。将接穗下部与顶芽同侧削成长约3 cm的削面,在对侧削一短削面,长1 cm左右。将接穗插入砧木的切口内,使二者形成层对齐密接;若接穗细,则应使一侧的形成层对齐密接。接后用塑料薄膜条绑缚。

2. 劈接法

先将砧木截去上部并削平断面,用劈接刀在砧木中央垂直下劈,深约5 cm左右,将接穗下端削成两面相同的楔形,削面长约5 cm左右,将接穗插入砧木劈口,使形成层密接对齐,绑紧,培土即可。若用塑料薄膜条绑缚,也可不培土。

枝接接穗成活发芽后,轻轻将培土扒开,选留一个生长旺盛的新梢,余者除去。萌蘖应及时抹除,但如接穗未成活则应选留1~2个新梢在秋季再行芽接。其他管理与芽接苗相同。

8.2.4 嫁接后的管理

一、检查成活情况,解除绑缚物

嫁接后 10~15 天,检查成活情况。成活的芽体较新鲜,叶柄一碰即落。未成活的应及时补接。芽接或切接成活后要及时解除绑缚物。

二、剪砧

树液开始流动前,在接芽上部 0.5 cm 处,剪除砧梢,剪口要平滑,并向芽背倾斜,但不要低于芽尖。

三、抹芽,除萌蘖

萌芽后,选留一个健壮、直立的芽培养成主干,把其他的芽抹去,每 5~6 天抹一次。

四、摘心和一次整形

嫁接苗高度为 1 m 左右时,进行摘心,促进加粗生长和下部腋芽萌发,以便整形。肥水条件良好、生长健壮的,选留位置较好的一次梢,把其培养成二级主枝。整形带以下的梢要抹除。

五、肥水管理

萌芽后的 3~4 月份,每月追施稀薄人粪尿 2~3 次。5~6 月份,施骨粉加硫酸铵的混合肥,按照每亩 10~20 kg 的用量,挖浅沟施入。经常中耕除草,保持土壤疏松。

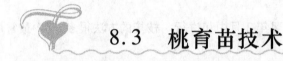

8.3 桃育苗技术

8.3.1 苗圃准备

宜选择背风向阳、日照好,稍有坡度的倾斜地。坡度大的应先修梯田。桃不耐涝,平地地下水位宜在 1~1.5 m 以下,雨季要做好开沟排水工作。桃圃以沙质壤土和轻黏壤土为好,因其理化性质好,适合微生物活动,对种子的发芽、幼苗的生长都有利,起苗省工,伤根少。盐碱地要先进行土壤改良,要有充足水源。桃圃切忌连作,育过桃苗的地应采用轮作、改土等方式处理后再进行桃育苗。

播种前先深翻 40~50 cm,同时每公顷放入有机肥 37 500~75 000 kg,过磷酸钙 375 kg,草木灰 750 kg,施肥后平整作畦或作垄,一般畦宽 1~1.2 m,畦长 5~10 m,垄宽 60~70 cm。

8.3.2 实生繁殖

桃的大多数品种可自花结实,实生苗劣变较少。我国山东、河北、陕西、湖南等地仍有直接用栽培品种的种子繁育的习惯。采种时应选择在丰产、优质、健壮的母株上采完全成熟,果实发育天数在 100 天以上,果大的中、晚熟品种。

8.3.3 嫁接苗培育

一、砧木苗培育

1. 常用砧木及种子处理

常用的砧木主要有毛桃、山桃、毛樱桃、山杏等。毛桃与桃嫁接亲和力强,根系发达,长势旺盛,具有一定的抗旱和抗寒能力,能耐多湿环境。我国南方各省及华北、西北、东北都被广泛使用。山桃抗寒、抗旱性强,稍微耐碱,和桃嫁接亲和力好,但较易得根腐病。主要应用范围有山东、山西、河南、河北、辽宁、吉林、陕西等地。毛樱桃抗寒力强,抗旱及对土壤适应性也较强,毛樱桃做桃砧亲和力强,有矮化作用,只是生长较慢。此外,可作为桃砧木的还有寿星桃、扁桃、陕甘山桃、山杏等。

采种要求挑选丰产稳产、品质优良、生长健壮的母树,取完全成熟的果实取种。春播的种子需要层积处理,层积一般于 11 月下旬,选高燥处,挖深 0.7 m、宽 0.6 m,长度视种子多少而定的沙藏沟,先在底部铺 10 cm 厚湿沙,其上放 10~15 cm 的混沙种子,埋盖上 10 cm 左右的湿沙,再放上 10~15 cm 的混沙种子,再盖上 10 cm 左右的湿沙,上面盖上土,使种子处在冻层以下即可。温度保持在 0 ℃~7 ℃。种子少时,也可混入湿沙放入地窖内沙藏,种子沙藏 100~110 天。3 月初将沙藏种子置于温暖处(20 ℃~25 ℃)并保持湿度进行催芽,待种子露白时即可播种。

适宜的采收时间及层积日数如表 8-1 所示:

表 8-1 桃砧木适宜采收时间及层积日数表

砧木种类	适宜采收时间	层积日数
毛 桃	8 月	80~100
山 桃	7~8 月	80~100
毛樱桃	6 月	90~100
山 杏	6 月下旬~7 月中旬	45~100

桃砧木种子相关参数如表 8-2 所示:

表 8-2 桃砧木种子相关参数表

砧木种类	每千克粒数	果实出种率/%	播种量/(kg·ha^{-1})	嫁接成苗数
毛 桃	大粒 220~400	10~12.5	600~750	9~15
	小粒 600~800	12.5~16.6	300~450	
山 桃	大粒 240~280	25~33	600~750	9~15
	小粒 400~600	25~33	300~375	
毛樱桃	0.8~1.2	10~14.3	52.5~112.5	15~22.5
山 杏	大粒 500~900	10~20	750~900	10.5~15
	小粒约 1800	15~30	375~450	10.5~15

2. 播种及管理

桃砧木种子播种时期分春播和秋播两个时期。东北地区以春播为主,其他秋冬比较温暖、风沙小的地区可考虑秋播。播种时大粒种子,如山桃和毛桃采取点播,小粒种子可采取条播方式。播种后加强管理,及时浇水。幼苗出土后要及时松土和锄草,苗高 5 cm 时及时进行间苗,去除细弱苗和病苗,苗高 10 cm 时定苗,30 cm 时进行摘心并除去苗基部 10 cm 以下分枝。生长期间加强肥水供应,间苗时可条状撒施速效氮肥,以后每隔 10~15 天视苗生长情况再施氮肥,雨季前停止氮肥。生长后期(8~10 月)追施速效磷钾肥。

二、嫁接

桃苗嫁接主要以芽接方法为主,枝接方法为辅。芽接日期一般以形成层细胞分裂最旺盛时为宜,此时皮层容易剥离,成活率高。江苏一般春、秋两季进行芽接。芽接方法为"T"字形芽接,当砧木和接穗不易离皮时,也可采用嵌芽接方法。枝接方法通常采用劈接和切接法。芽接时须注意接穗质量,选用生长充实枝条的成熟芽。

嫁接成活后,将接芽上部砧木苗折伤,继续用砧木苗叶片辅养接芽的萌发生长,约 10 天后待接芽展叶时再将接芽上部砧木剪去。另一种方法是抬高接芽部位,即在砧木 10 cm 高以上部位芽接,在接口下保留 4~6 片大叶,接芽成活后即可剪砧,待接芽萌发新梢生长达 15 cm 左右,再剪去砧木副梢。

三、接后管理

结合浇水,苗木生长前期追施氮肥,后期追施复合肥,每隔 15~20 天进行 1 次叶面喷肥,前期喷 0.3% 的尿素,后期喷 0.3% 的磷酸二氢钾,也可喷微量元素等其他促进苗木生长的生长素类物质,以加快苗木生长。同时搞好病虫防治,使苗木在落叶期达到 0.8~1 m 的高度。

8.3.4 三当苗的培育

当年播种、当年嫁接、当年出圃,这样培育出的苗木即为"三当苗"。它比常规育苗方法早出圃 1 年,明显缩短了育苗周期,提高了经济效益,因此目前在苗木生产上已被广泛推广应用。

三当苗与普通嫁接育苗的区别如下:

1. 播种

北方地区以 3 月份播种为宜(5 cm 地温稳定在 10 ℃),南方地区根据气温情况也可提早到 2 月份。播种后覆盖地膜,这样可提高地温,保持土壤湿度,从而提高出苗速度。

2. 嫁接前管理

首先要在种子发芽后及时破膜,使幼苗及时出土,防止灼伤幼苗。在砧木苗长到 30 cm 时进行摘心,摘心后产生的副梢要尽早抹除。另外可于 5 月份追施 1 次尿素,用量每亩 10 kg。嫁接前 3~7 天追施一次速效氮肥或稀粪水,以促进树液流动,提高嫁接成活率。

3. 嫁接

通常采用"T"字形芽接法嫁接。嫁接时间在 5 月底至 6 月中旬,在砧木粗度 0.5 cm 以上时,在离地 3~4 cm 处嵌芽接,接后 8~10 天,在成活芽上方 2~3 cm 处折砧。在接芽抽出10~15 cm新梢时,再从接口上方约0.5 cm处剪断。也可以采用不折砧的方法,嫁接部位在地面15~20 cm,保护好嫁接部位以下的叶片。一般于接后5~7天剪砧,并保留砧木上的副梢和叶片。

4. 加强成活后的管理

可于6月份追施1次尿素,用量为每亩10 kg,8月份以后应增施磷、钾肥,可每亩追施复合肥10 kg;8月下旬可用草木灰或磷酸二氢钾进行叶面喷肥。8月下旬苗高达80~120 cm时及时摘心,防止苗木贪青,促进苗木木质化。另外,苗生长期要注意及时防治桃潜叶蛾、大青叶蝉及桃穿孔病在叶片和苗干上的危害。

8.4 葡萄育苗技术

葡萄的主要育苗方法有扦插、压条、嫁接等。

8.4.1 硬枝扦插育苗技术

一、插条准备

结合冬季修剪,采集无病毒、节间短、髓部小、色泽正常、生长健壮、芽眼饱满、无病虫危害的枝条作插条。插条一般应剪成6~8节,长40~50 cm。每50~100条捆成一捆,并标明品种及采集地点。采集后,北部寒冷地区用土窖,西北、华北和南部地区用地沟贮藏过冬。为了防止插条在贮藏期间发霉变质,丧失发芽力,入窖前要用5%的硫酸亚铁或密度1.021~1.036 kg/L石硫合剂浸泡2~3 min,并应控制贮藏期的温度和湿度。温度以1℃左右最理想,一般不应高于5℃或低于-5℃。用沙贮藏时,沙的湿度为5%左右;用土贮藏时,则湿度为10%~12%。贮藏场所应选择地势稍高的阴凉处开沟,地沟深50~60 cm,长度依贮藏枝条数量而定。贮藏时,插条平放或立放均可,但应一层条,一层沙,最好在插条间也填些沙子,以降低呼吸热。最后,在贮藏沟的上部再覆约20~30 cm的土。贮藏期间,每隔1个月左右检查1次,特别在早春,随着气温升高,枝条易发生霉烂、失水或芽眼萌发等情况。若发生霉烂时,用1%的硫酸铜或密度1.021~1.036 kg/L的石硫合剂液消毒;若有失水情况,则需喷水,以提高枝条的含水量。

春季取出插条,按2~3个芽长度剪截。插条上端离芽眼1.5 cm处平剪,下端离芽眼0.5 cm处(芽的对面)剪成马蹄形。插条上的所有芽眼,特别是上端的1~2芽眼要充实饱满。芽枝扦插后,如第一芽眼受损害,第二芽眼容易萌发出土,有利于提高扦插成活率。

生产中常用人工方法降低插条上部芽眼处的温度,提高插条下部生根处的温度,以控制过早发芽,促进早生根,提高葡萄扦插成活率。常用的催根方法有:

(1)电热温床催根。这种方法工效高,目前在中国已被广泛应用于葡萄育苗生产中。电热温床可设置在常温室内或塑料大棚中。为了保持温度,地面上先铺一层4~5 cm厚的稻草、麦秸或锯末等,其上铺塑料膜。温床两边安放拉地热线用的木条,木条上钉约3 cm长的铁钉。一条长 100 m、功率为 800 W 的地热线,5 cm 线距,可布近 5 m^2 的床面。每平方米可插 5 000~8 000 个插条。根据育苗数量,确定布线面积。整个温床布线后,上面铺 5~6 cm 厚的沙,将插条一个挨一个地紧紧插入沙中,芽露沙表。插好后用喷壶或淋浴喷头喷水,使沙层湿润。通过控温仪使根际部沙温度到 25 ℃ 左右。10~15 天绝大部分插条产生愈伤组织,少数生根,此时即可扦插入圃。塑料营养袋育苗采用单芽芽段。为了保证每个营养袋中的芽段萌发成苗,催根处理至 10 天左右,大部分芽段已产生愈伤组织,而芽眼尚未萌发或少部分萌发时,宜在床面上铺盖塑料布,以提高芽部温度与湿度,促进发芽。其后,将已萌发的芽段插入营养袋中。

(2) 酿热物催根。温床大小依插条数量而定,但不能太小,小了酿热物少,不易发酵与保持温度。温床挖好后,放入厚约 30 cm 的生马粪,浇水使之湿润。数天后温度可上升到 30 ℃~40 ℃,待其下降到 30 ℃ 左右并趋向稳定时,在马粪上铺厚约 5 cm 的土或沙。然后将准备好的插条整齐直立地排列在上面,枝条间填沙,以防热气上升和水分蒸发。插条顶端的芽,切忌埋入沙中,以免受高温影响。为免受烈日曝晒与雨淋,温床上需架设阴棚与雨帐。催根期间要保持土壤湿润,控制床面气温,土温保持 20 ℃~30 ℃ 为宜。

(3) 火炕催根。北方葡萄产区常用家庭火炕或甘薯育苗炕进行葡萄催根。门窗朝北的土房室温低,插条顶端芽眼处在较低的温度中,火炕催根效果好。火炕上先铺 5 cm 的锯木屑或沙,顶端芽眼露在外面。插好后充分喷水,使木屑湿透。生根处温度保持 20 ℃~30 ℃,待插条绝大部分产生愈伤组织和部分生根时,即可移植苗圃或定植。

(4) 植物生长调节剂催根。用生长调节剂处理插条能提高酶的活性,促进分生细胞的分裂,加速生根,以提高扦插成活率。

二、苗圃地准备

苗圃地应选择交通方便,地势平坦,向阳背风,排灌条件好的地方。在南方由于雨水多,应选排水良好的缓坡地或平原高燥地。坡地的坡度在 2°~5° 内。平原的地下水位宜在 1 m 以下,低洼地不宜建圃。苗圃地要求土层深厚,土质疏松肥沃,pH 以 6.5~7.5 为宜。酸性土和碱性土须经改良后才能利用。

秋季,对苗圃地要深翻 30~50 cm,结合深翻每公顷施有机肥 75 000 kg,过磷酸钙 1 500~2 250 kg,并进行灌溉。来年春天应及时耙地保墒。

三、扦插

春季扦插前,每公顷再施腐熟的厩肥 22 500~30 000 kg,或腐熟的菜籽 1 500 kg,过磷酸钙 750 kg,然后浅耙,整成 (8~10) m×1 m 的畦。覆膜前 1~2 天用 150 倍丁草胺液喷洒畦面,以消灭杂草。

扦插时期为 20 cm 土温稳定在 10 ℃ 以上。经过催根处理的插条,由于部分已经发芽,为避免晚霜危害,扦插时期比未催根处理的要晚一些,地温应达到 15 ℃ 左右。为提高苗床温度,扦插前可覆盖黑色地膜或架设塑料小拱棚。扦插斜度以 30° 为宜,深度以上部芽露出 2 cm 为宜。注意防止倒插。株行距 (12~15) cm×(50~60) cm,每公顷插 12 000~150 000 条,插后浇水。

垄插是一种提高葡萄成活率较好的育苗方法。垄插将葡萄条插在垄背上,第一芽处在垄背的表土下。插后在垄沟内浇水,保持垄沟上部土壤疏松,利于插条萌芽出土。枝条下端接近浅沟面,土温高,通气性好,生根快。一般垄插比平畦扦插成活率高,在生产中多为人们所采用。

四、扦插后的管理

春季干旱的地区,透水性强的沙质土壤,扦插后一般 7～10 天浇一次水;持水性强的黏重土壤,浇水次数不宜太多,以防降低地温或使土壤通气不良,影响生根。插条发芽后,根据土壤湿度可浇水 4～5 次。苏北 7、8 月份为雨季,到 7 月下旬、8 月上旬,为了有利于枝条成熟,一般应停止浇水或少浇水。

当新梢长度达 10 cm 以上时,苗木进入迅速生长时期,需要大量养分,故应追施速效性肥料 2～3 次。第一次以氮肥为主,第二次以磷、钾肥为主。追肥量为每公顷人粪尿 15 000～22 500 kg(或硝酸铵 150～225 kg、磷酸二铵 150～225 kg)、过磷酸钙 225～300 kg,草木灰 450～525 kg。

幼苗主梢长至 8 叶以上时摘心,副梢留 1～2 叶摘心,3 次梢同样留 1～2 叶摘心。幼苗基部的 2、3 个副梢从基部摘除,以利通风。如幼苗生长高度不够时,应适当推迟摘心时期;到 8 月底 9 月上旬高度不够的,也要一律摘心。

葡萄幼苗易感染黑痘病、霜霉病,应喷布 4～6 次 180～200 倍少量波尔多液,1～2 次 25% 甲霜灵或甲霜铜 600 倍溶液。若发生毛毡病或二星叶蝉,可喷布密度 1.002～1.003 kg/L 石硫合剂。

8.4.2 绿枝扦插育苗

生长前期,利用副梢或主梢扦插是快速繁殖葡萄良种的一种重要方法。绿枝扦插成苗的关键是插条本身状况和调控扦插环境的温、湿度。

一、苗床准备

绿枝扦插苗床一般应设置在通风良好的地方,也可设置在建筑物北侧,每日有直射光照数小时的地方。床宽 1.2～1.5 m,长可根据需要而定,高 20 cm 左右,四周用砖砌成。苗床铺 15 cm 左右粗河沙,河沙最好用福尔马林消毒,以防插条霉烂。

二、插条准备

开花期后 1 个月内选择半木质化粗壮副梢或主梢,从芽上 1.0～1.5 cm 处,平剪成双芽或单芽枝。如为单芽枝,可在芽下 3～5 cm 处剪断;如为双芽枝,可在第二芽以上 1 cm 处平剪。

三、扦插与管理

将剪好的插条,立即浸入水中或盖上湿布,放在阴凉处待用。扦插前用 500～1 000 mg/L IBA 或 NAA、IAA 溶液浸蘸插条基部 3～5 s,取出后扦插于苗床中。株行距 10 cm×12 cm,深度以芽露出床沙面 1 cm 为宜。插完后充分洒水,晴天 10:00～16:00 时扣上塑料拱棚,棚外要遮阴,使光强度为自然光照的 30%～50%,降低苗床温度。

为不使枝条脱水,应保持塑料棚内 90% 以上的空气湿度,最好棚内安装喷雾设备或用淋浴喷头套在自来水管上,或人工每日早、晚喷洒水 2 次。

绿枝扦插最适温度为 25 ℃～28 ℃,在 18 ℃～35 ℃ 范围内也能获得较好的生根效果,在中午短时间内不要超过37 ℃。上述适宜温度主要根据气温和天气变化,通过遮阴与否来调控,如阴雨天和晴天10:00时前和16:00时后可不遮阴;也可通过短暂通风来调控。

绿枝扦插后2周左右即可生根,成活率可达85%~100%。当幼苗具有3~4个叶片和发育良好的根系时,即可逐步加强通风或揭去塑料布进行锻炼,成苗后移入苗圃或定植。

8.4.3 压条繁殖法

压条繁殖的苗木,成活率高,生长快,结果早,在生产中已被广泛应用。压条法的目的有两个:一是补植缺株;二是繁殖苗木。

一、新梢压条法

用作压条繁殖的新梢长至1 m左右时,进行摘心并水平引缚,以促使发生副梢。副梢长约20 cm时,将新梢平压于深约15~20 cm的沟中,填土10 cm左右,待副梢半木质化,高50~60 cm时,再将沟填平。夏季对压条副梢进行支架和摘心,秋季掘起压下的枝条,分割为若干带根的苗木。

二、二年生枝压条法

春季萌芽前,将植株基部预留作压条的一年生枝平放或平缚,待其上萌发新梢高15~20 cm时,再将母枝平压于沟中,露出新梢。如不易生根的品种,在压条前先将母枝的每一节进行环割或环剥,以促进生根。压条后,先浅覆土,待新梢半木质化后逐渐培土,以利增加不定根数量。秋后将压下的枝条挖起,分割为若干带根的苗。

三、多年生蔓压条法

压老蔓多在秋季修剪时进行。先开挖20~25 cm深沟,将老蔓平压沟中,其上1~2年生枝蔓露出沟面,再培土越冬。在老蔓生根过程中分2、3次切断老蔓,促使发生新根。秋后取出老蔓,分割为独立的带根苗。

8.4.4 嫁接苗的繁殖

一、接穗采集

接穗必须品种纯、健壮、芽饱满,不带病毒。夏季绿枝嫁接接穗应采用当年生半木质化新梢,新梢粗度以0.4~0.6 cm为宜。硬枝接穗结合冬季修剪进行采集并沙藏。绿枝接穗采回后,应立即剪去叶片,留0.5 cm的叶柄,用湿毛巾和塑料薄膜保湿,边采集边嫁接。如接穗外运,须用苔藓或锯木屑覆盖保湿。

二、硬枝嫁接法

硬枝嫁接常采用劈接和舌接两种方法。劈接法主要在室外,舌接法主要在室内进行。接穗剪留一芽,芽上端留1.5 cm,下端留4~6 cm。砧木长约20 cm。舌接法的接穗和砧木粗度应相同,劈接法的砧木可等于或粗于接穗。

舌接法先将接穗和砧木接口处削成斜面,斜面长为枝粗的1.5~2倍;再在砧木斜面上靠近尖端1/3处和接穗斜面上靠近尖端2/3处,各自垂直向下切一刀,深约1~2 cm,然后将两舌尖插合在一起。此法结合很紧密,多不用捆扎。

劈接法先将接穗下端削成尖楔形,两边斜面长度相等,长约 2 cm,砧木上端中央纵切一刀。然后将接穗插入砧木裂缝中,并对准形成层。劈接方法简便,但不如舌接牢固,需用塑料薄膜带、麻皮等绑扎。

为了提高穗砧枝条接口愈合率,可在电热温床或火炕上加温处理。在电热温床或火炕上铺厚约 2~3 cm 的沙或木屑,将嫁接好的插条成捆地直立排列在上面,中间再填充沙或木屑,然后喷水。经 15 天左右,结合处已愈合,下部大多形成愈合组织或发根,此时即可定植。栽植时,接口应与地面平,以免接穗生根。由于愈合组织与砧木上的细根极易风干,栽植前嫁接好的插条应放于水桶中或用湿布包扎。栽植后应保持土壤湿润。其他同一般扦插苗管理。冬季在室内用舌接法或劈接法嫁接好的带根砧木苗,宜用湿沙层积于室温条件下。也可先定植砧木苗,然后在苗圃用劈接法嫁接。

由于砧木根系大,苗木生长快,在新梢长高 80 cm 左右时可进行摘心,利用 2 次枝、3 次枝加速成形,提早结果。此外,在白腐病发生严重地区,嫁接苗还要喷布 3~4 次波尔多液,预防染病。如嫁接未成活,可利用萌蘖枝作砧木,再进行绿枝嫁接,效果亦好。

案例分析

葡萄嫁接双根栽培法

采用藤稔和巨峰葡萄嫁接,保留藤稔接穗和双根生长,具有明显的生长优势,主要表现为生长加快,枝繁叶茂,提早结果,抗病性增强,坐果率提高,丰产稳定。

1. 操作方法

将藤稔和巨峰葡萄当年小苗(或上年扦插苗)靠近栽植,在开春萌芽后或生长季节进行靠接。方法是:将两苗木离土 10 cm 以内光滑无节便于操作的部位,各削 3 cm 长的削面至露出形成层或削到髓心,然后把两个相对应的削面绑缚在一起(可用塑料带绑缚)。过一个月,等接穗成活后将巨峰葡萄从愈合部上端剪断除去,保留藤稔苗继续生长,并进行整形修剪。从第二年开始便慢慢进入结果期。

2. 优点

巨峰葡萄的根系极其发达,即使在地下水位高或多雨的季节里照样具有很强的生长能力,对土壤的适应能力强。而藤稔葡萄原来的根系仍保持正常的生长能力,这样就大大增强了新嫁接苗生长所需的水肥和营养。通过嫁接后藤稔葡萄的优势更得到加强,生长发育加快,果穗、果粒都增大,成熟期比巨峰葡萄早 7~10 天,抗病性也得到加强,比藤稔葡萄增产 15%~20%。

3. 管理

(1)加强肥水管理。因为新嫁接苗根系特别发达,对水分肥料吸收能力加大,所以为了尽快达到丰产,就要增加施肥和供水量。

(2)及时整枝修剪,结果期疏花疏果,防止贪青晚熟。

(3)重视病虫防治。做好黑痘病、炭疽病、霜霉病、白粉病及透翅蛾等病虫防治。

本章小结

本章通过对四种主要果树的育苗技术的学习,使学生掌握其基本的育苗方式,以及常用的优良砧木和苗圃地的准备等果树基本的育苗知识,为育苗实际操作奠定一定的理论知识。

 复习思考

1. 苹果砧木苗如何培育?
2. 梨树常用砧木有哪些种类?
3. 如何培育桃树嫁接苗?
4. 葡萄苗木繁育有哪些方法?

附录　实验练习

实验实习一　种子播种前处理

目的要求

能够熟练掌握园艺植物种子的催芽方法和操作的整个过程。

材料

常用的果树种子若干种。

工具

铁锹,河沙,鹅卵石或碎石,通气管,沙纸或锉刀,吲哚乙酸、2,4-D等。

方法和步骤

把种子与湿润物混合或分层放置,促进其达到发芽程度的方法称为层积催芽。果树生产中常用的方法为低温层积催芽法,其适用的树种较多,如桃、杏、李、苹果、樱桃、银杏等。

处理种子多时可在室外挖坑。一般选择地势高、排水良好的地方,坑的宽度以1 m为宜,不要太宽。长度随种子的多少而定,深度一般应在地下水位以上、冻层以下。由于各地的气候条件不同,可根据当地的实际情况而定。坑底铺一些鹅卵石或碎石,其上铺10 cm的湿河沙,或直接铺10~20 cm的湿河沙。干种子要浸种、消毒,然后将种子与沙按1∶3的比例混合放入坑内,或者一层种子,一层沙放入坑内(注意沙的湿度要合适),沙与种子的混合物放至距坑沿20 cm左右。然后盖上湿沙,最后用土培成屋脊形,坑的两侧各挖一条排水沟。在坑中央直通到种子底层放一小捆秸秆或下部带通气孔的竹制或木制通气管,以流通空气。如果种子多,种坑很长,可隔一定距离放一个通气管,以便检查种子坑的温度。

层积期间,要定期检查种子坑的温度,当坑内温度升高得较快时,要注意观察。一旦发现种子霉烂,应立即取种换坑。在房前屋后层积催芽时,要经常翻转,同时注意在湿度不足的情况下,增加水分,并注意通气条件。

在播种前1~2周,检查种子催芽情况,如果发现种子未萌动或萌动得不好时,要将种子移到温暖的地方,上面加盖塑料膜,使种子尽快发芽。当有30%的种子有裂口时即可播种。

作业

完成实习报告。

实验实习二　苗木播种繁殖

目的要求
能够熟练掌握园艺植物种子的播种方法和种子播种繁殖的整个操作过程。
材料
蔬菜、果树或花卉种子若干。
工具
铁锹、锄头、耙子。
方法和步骤
1. 整地。这是育苗工作的重要环节。整地的质量直接影响幼苗的出土及以后的生长。圃地经过耕、耙、耘以后,根据不同的播种方式,做垄、做床、做灌溉渠和排水渠,做平床时畦埂要实。整地要细致,要求土壤细碎,表层没有大的土块,没有砖、石、瓦块,没有未腐熟的枝叶,没有废塑料薄膜等。圃地要平坦,能均匀灌溉、不积水。要求上虚下实,上虚能减少下层土壤水分的蒸发,保护土壤水分,使种子容易发芽、扎根,有利于幼苗出土;下实能保持土壤毛细管吸取下层土壤中的水分,为种子提供必需的水分,以利种子发芽。
2. 做床。做高床,一般在整地后取步道土壤覆于床上,使床梗一般高于地面15～30 cm;床面宽约 100～120 cm。做低床使床梗高于地面 15～20 cm,床梗宽 30～40 cm,床面约 100～120 cm。
3. 播种。播种工作包括划线、开沟、播种、覆土、镇压五个环节。

作业
将播种过程整理成实习报告。

实验实习三　苗床管理与幼苗移栽

目的要求
掌握苗床管理方法与幼苗移栽技术。
材料
幼苗期苗木、生长苗木的苗床、各种肥料、农药、除草剂等。
用具
花锄、铁锹、移苗铲、喷壶、水桶、喷雾器。
方法和步骤
1. 根据苗木生长情况进行浇水、施肥、松土。
2. 根据杂草、病虫害发生情况进行除草和防治。

3. 根据苗木稀密进行幼苗移栽。

作业

观察抚育管理后苗木生长情况,杂草、病虫害防除效果,调查幼苗移栽成活率,写出跟踪调查实验报告。

实验实习四　扦插繁殖

目的要求

掌握插穗选择、制备,扦插及插后管理技术。

材料

扦插床、插穗。

用具

剪枝剪、利刀、喷壶等。

方法和步骤

1. 选择扦插繁殖季节。根据观赏植物的特性,尽可能考虑实际生产的需要,选择合适的扦插季节。有条件的,可在不同季节实习多次。

2. 插穗的制备。在生长健壮的母株上选择树冠外围的枝条作扦插材料。用剪枝剪剪取插穗,枝剪的刃口要锋利,特别注意剪口的光滑,以利愈伤和生根。根据植物的生根习性决定是否需要采用植物生长调节剂处理,应严格掌握用药的浓度和处理时间。

3. 扦插。在事先制备好的插床上扦插。注意扦插的深度和间距。插后浇透水。

4. 管理。根据扦插季节和插穗类型制订养护管理的措施。有条件的地方为嫩枝扦插创造全日照自动喷雾环境。

作业

1. 将扦插实习过程记录、整理成报告。
2. 用表格调查扦插成活率。

品　　种	扦插数量	成活数量	成活率(%)

实验实习五　嫁接繁殖(芽接)

目的要求

掌握芽接方法与技术；掌握芽接苗管理技术。

材料

接穗若干、可供嫁接的砧木若干。

用具

剪枝剪、芽接刀、盛穗容器、湿布、塑料条带等。

方法和步骤

1. 根据实习基地现有繁殖材料，选择合适的芽接时间。主要进行"T"字形芽接和嵌芽接实习。

2. 切削砧木与接穗时，注意切削面要平滑、大小要吻合。

3. 自上而下用塑料带绑扎。注意松紧适度，露出芽及叶柄。

4. 成活后注意及时松绑、剪砧等管理措施。

作业

1. 将嫁接操作过程整理成实验报告。

2. 调查嫁接成活率。

实验实习六　嫁接繁殖(枝接)

目的要求

掌握果树枝接技术，以及枝接后的管理措施。

材料

枝接接穗若干、供枝接砧木苗或树若干。

用具

剪枝剪、切接刀、劈接刀、盛穗容器、塑料条带等。

方法和步骤

1. 根据实习基地现有繁殖材料，选择合适的枝接时间。主要进行劈接、切接和靠接的实习。

2. 切削砧木与接穗时，注意切削面要平滑、大小要吻合。

3. 砧木与接穗的形成层一定要对齐。

4. 绑扎松紧要适度，套袋或封蜡保湿。

5. 嫁接后及时检查成活率，及时松绑，做好除蘖、立支柱等管理工作。

作业
1. 将劈接、切接、靠接的操作过程整理成报告。
2. 调查嫁接成活率。

实验实习七　压条与分株

目的要求
掌握园林植物压条、分株繁殖的方法与技术,熟悉压条苗、分株苗的管理。
材料
可进行压条、分株用的露地栽培的花木。
用具
剪枝剪、铁锹、锄、木钩等。
方法和步骤
1. 选择合适的压条、分株季节,确定进行压条和分株的植物种类。
2. 压条时,对被压枝条先进行环割或刻伤处理。注意压条稳固、土壤湿润。
3. 分株时,注意保护根系和植株。
4. 定期对分株苗、压条苗进行浇水、施肥、松土除草等抚育管理。

作业
1. 写出不同压条、分株方法的操作过程及注意事项。
2. 制订出压条苗和分株苗的管理方案。

实验实习八　苗木出圃

目的要求
了解苗木出圃调查的内容,熟悉调查方法,掌握带土球起苗和包扎的方法与技术。
材料
待出圃苗木、草绳、蒲包等包扎材料。
用具
皮尺、钢尺、记录本、计算器、铅笔、游标卡尺、铁锹、草绳、剪枝剪等。
方法和步骤
1. 苗木调查。
(1) 根据苗木特点,确定调查方法、调查内容。可结合苗圃参观或生产实习进行苗木调查实习。
(2) 对各类苗木的树高、地(胸)径、冠幅等进行测量。

(3) 统计各类苗木的数量,计算、填表。

2. 土球起苗与包扎。

(1) 确定土球规格：根据树种、季节、苗木大小、运输距离和土质等,确定土球大小与包扎方法。可结合春季、秋季绿化进行起苗与包扎实习。

(2) 挖土球：按操作程序进行。特别要注意：防止粗壮根系劈裂,防止在挖掘过程中树干倾倒,防止土球偏斜或散坨。

(3) 包扎：正确选择包扎方法,合理利用包扎材料,包扎结实、美观。

作业

1. 将苗木调查结果填入苗木调查统计表,写出苗木质量分析报告。

2. 总结带土球苗木的起苗与包扎技术要领。

参 考 文 献

[1] 方栋龙. 苗木生产技术. 北京:高等教育出版社,2005
[2] 葛红英、江胜德. 穴盘种苗生产. 北京:中国林业出版社,2005
[3] 俞玖. 园林苗圃学. 北京:中国林业出版社,2001
[4] 刘晓东. 园林苗圃. 北京:高等教育出版社,2006
[5] 陈耀华,秦魁杰. 园林苗圃与花圃. 北京:中国林业出版社,2002
[6] 吴少华. 园林花卉苗木繁育技术. 北京:科学技术文献出版社,2001
[7] 柳振亮. 园林苗圃学. 北京:气象出版社,2005
[8] 龚雪. 园林苗圃学. 北京:中国建筑工业出版社,1995
[9] 张德兰. 园林植物栽培学. 北京:中国林业出版社,1991
[10] 李绍华,罗正荣,刘国杰,彭抒昂. 果树栽培概论. 北京:高等教育出版社,1999
[11] 颜启传. 种子学. 北京:中国农业出版社,2001
[12] 胡晋. 种子贮藏加工. 北京:中国农业大学出版社,2001
[13] 永盛,谷凤坤. 林木种子与苗木活力. 哈尔滨:黑龙江科学技术出版社,1994
[14] 施振周,刘祖祺. 园林花木栽培新技术. 北京:中国农业出版社,1999
[15] 毛春英. 园林植物栽培技术. 北京:中国林业出版社,1998
[16] 罗镧. 花卉生产技术. 北京:高等教育出版社,2005
[17] 芦建国. 苗圃生产与管理. 苏州:苏州大学出版社,1999
[18] 孙时轩. 造林学. 北京:中国林业出版社,2001
[19] 周云龙. 植物生物学. 北京:高等教育出版社,2001
[20] 齐明聪. 种苗学. 哈尔滨:东北林业大学出版社,1992
[21] 张华平. 植物生长调节剂和化学物质在观赏园艺中的应用. 热带植物研究,1998,(2)
[22] 刘学忠,刘金. 植物种子采集手册. 北京:科学普及出版社,1988
[23] 龚学坤,耿玲悦,柳振亮. 园林苗圃学. 北京:中国建筑工业出版社,1995
[24] 梁玉堂,龙庄如. 树木营养繁殖原理和技术. 北京:中国林业出版社,1993
[25] 郭学望,包满珠. 园林树木栽植养护学. 北京:中国林业出版社,2002
[26] 河北农业大学. 果树栽培学. 北京:中国农业出版社,1987
[27] 熊德中等. 肥料施用新技术. 福州:福建科学技术出版社,1998